蔬菜种植机械化技术与装备

主编 陈 芳 宋 樱 梁学强

图书在版编目（CIP）数据

蔬菜种植机械化技术与装备 / 陈芳，宋樱，梁学强主编. -- 天津 : 天津大学出版社，2025. 5. -- ISBN 978-7-5618-7987-0

Ⅰ. S63

中国国家版本馆CIP数据核字第2025LH8362号

出版发行	天津大学出版社
地　　址	天津市卫津路92号天津大学内（邮编:300072）
电　　话	发行部:022-27403647
网　　址	www.tjupress.com.cn
印　　刷	廊坊市瑞德印刷有限公司
经　　销	全国各地新华书店
开　　本	710mm×1010mm　1/16
印　　张	13.75
字　　数	261千
版　　次	2025年5月第1版
印　　次	2025年5月第1次
定　　价	48.00元

编委会

主　编：陈　芳　宋　樱　梁学强

参　编：（按姓氏汉语拼音排序）

李　琳　杨　颖　张全超　张秀明

序

我国是世界上最大的蔬菜生产国和消费国。近几年全国蔬菜种植面积稳定在2 000万公顷以上，产量逾7亿吨，产值超过2万亿元，蔬菜生产已成为我国农业的支柱，在国民经济中的重要性不言而喻。

全国农业机械化发展统计公报数据显示，2022年我国农作物耕种收综合机械化率达73.11%。这里面，粮食作物的机械化率较高，基本实现了耕种收的全程机械化。粮食作物全程机械化之后要考虑的就是其他作物，包括蔬菜作物的全面机械化。蔬菜产业要现代化，自然离不开蔬菜生产装备现代化。虽然近年来蔬菜机械化发展在不断加速，但目前总体机械化率也只在40%左右，发展差距仍然很大。

综观全国蔬菜机械化发展现状，虽然呈现加快发展趋势，但仍处在较低的水平，依然是农业机械化的短板和难点，有人工劳动的场景就是机械化的主攻方向，也就是机械化的突破口。由于蔬菜生产种类多、环节多、要求高，种植模式多，农艺不规范，适用机具少，购置成本高，条块分割多，形成合力难等问题，我国蔬菜机械化发展的速度还不够快，距离蔬菜产业高质量发展还有不小的差距。种植（移栽）和收获应当是两个主要的短板，还要加大力度支持装备研发和应用推广。因此，需要加大研发和推广的力度，从主要品种、重要环节着手，找准突破口，做好研发、选型、培训、推广，从主要环节机械化的实现拓展到全程全面机械化的实现，使蔬菜生产机械化由点的突破到全面发展。

大食物观是党中央粮食安全观念的战略性转变和历史性演进的体现，它拓展了传统的粮食边界，提升了蔬菜产业战略地位。蔬菜产业也成为我国粮食安全战略的重要组成部分。习近平总书记对大食物观的重视和中央一系列相关举措，对于蔬菜产业和蔬菜机械化发展，是十分重要的利好。我国蔬菜机械化也迎来了新的发展机遇，蔬菜机械化发展工作备受社会各界的广泛关注。

蔬菜机械化要着眼于“农机—农艺—设施”三配套，生产模式、作物品种、种植农艺、园区规划、设施结构、作业机具、生产规范等方面要相互配套融合，形成一体化、标准化的落实措施。着眼于蔬菜种植全程机械化解决方案，根据不同作物种类、生产规模和经济条件等因素，创新研发、优化提升、集成配套相结合，提出配套相对完整、先进程度不一的几种机具配置方案，便于面上推广。重视和支持省力化、机械化、信息化、智能化装备技术发展的“四化并行”。着眼于蔬菜种植机械化稳定发展机制，探索专业化、社会化服务组织支持政策、建立模式、运行机制，总结和推广蔬菜种植机械化服务实体的成功经验。

本书在概括了蔬菜机械化主要环节的装备、机械化技术以及生产应用的标准化、成功案例的基础上，汇总现有的技术装备成果，总结农机农艺融合、智能化技术创新、宜机化建设等方面取得的先进经验。从系统工程的角度增强了产学研推用环节的融合联动，由点及面，典型带动，既有理论又有实践，是一本不可多得的教材和技术指南，可以很好地应用于技术推广应用的人员培训、生产实践，可以有效推动蔬菜机械化新质生产力应用，进而推动蔬菜产业的高质量发展，为农业增产、农民增收做出贡献，促进乡村振兴。

胡　伟

2024 年 8 月

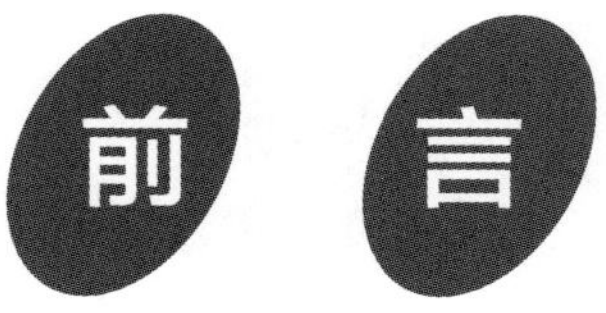

前言

我国是世界上最大的蔬菜生产国和消费国，蔬菜产业已经成为我国现代农业的主导产业。目前我国蔬菜生产机械化水平低，随着农村富余劳动力向二、三产业转移，用工难、用工贵的问题逐渐成为制约蔬菜生产规模化发展的主要因素，蔬菜机械化生产势在必行。

近年来，天津市蔬菜产业技术体系创新团队农业机械装备岗位专家陈芳正高级工程师在天津市积极开展蔬菜机械化试验示范推广工作，攻克了天津大葱、大蒜等多种蔬菜的全程机械化重大技术问题，实现多项“零”的突破，带领团队成员积极为天津市农户、合作社、大专院校和农机企业提供技术服务，解决蔬菜生产中的难题，同时也掌握了适宜天津市乃至我国北方地区蔬菜生产的机械化技术与装备。本书正是汇集了这些年的研究和试验成果，将当前先进适用的蔬菜机械化技术设备汇编成册。

全书共分为 8 章，第 1 章是绪论，主要介绍我国蔬菜产业的发展现状和存在的问题，以及国内外蔬菜生产机械化的发展情况，指出目前我国蔬菜生产机械化存在的问题和面临的挑战。第 2 章为蔬菜耕整地机械化技术与装备，主要介绍蔬菜耕整地环节的机械化技术现状、要求和相关机械设备。第 3 章为蔬菜种植机械化技术与装备，主要介绍蔬菜种植机械化技术、蔬菜播种机械和蔬菜移栽机械化技术和设备。第 4 章为蔬菜田间管理机械化技术与装备，主要介绍蔬菜田间管理环节的机械化技术和相关机械设备。第 5 章为蔬菜收获机械化技术与装备，主要介绍蔬菜收获环节的机械化技术和相关机械设备。第 6 章为蔬菜初加工机械化技术与装备，主要介绍蔬菜初加工环节的机械化技术和相关机械设备。第 7 章为蔬菜智能农业技术与装备，主要介绍蔬菜智能农业技术概况和相关技术设备。第 8 章为蔬菜全程机械化生产案例分析，主要介绍了大蒜、大葱、朝天椒、甘蓝、胡萝卜这五种已经实现全程机械化生产的蔬菜所应用的生产技术与设备和相应的技术规范或作业标准。

由于编者水平有限，加上时间仓促，书中不妥之处在所难免，敬请读者批评指正。

编者

2024 年 8 月

目 录

第1章　绪　论

1.1　我国蔬菜产业背景

1.1.1　我国蔬菜产业发展现状

我国是世界上最大的蔬菜生产国和消费国，蔬菜种植历史悠久，品种繁多。近年来，随着农业产业结构的调整，我国蔬菜播种面积和产量仍在不断提高，蔬菜人均占有量、消费量均居世界领先水平。蔬菜产业已经成为我国现代农业的主导产业，发展蔬菜生产不仅能满足人民的消费需求，也能增加农民收入。

20 世纪 80 年代中期蔬菜产销体制改革以来，随着我国蔬菜产业结构性调整，全国蔬菜生产快速发展，产量大幅增长，上市基本均衡，供应状况发生了根本性改变。播种面积由 1990 年的近 1 亿亩增加到 2022 年的 3.3 亿亩，产量由 2 亿 t 提高到 7.8 亿 t，人均蔬菜产量由 170 kg 左右增加到 566 kg，常年生产的蔬菜达 14 大类 150 多个品种，逐步满足了人们多样化的消费需求。

随着工业化、城镇化的推进，以及交通运输状况的改善和全国鲜活农产品绿色通道的开通，生产基地逐步向优势区域集中，形成华南与西南热区冬春蔬菜、长江流域冬春蔬菜、黄土高原夏秋蔬菜、云贵高原夏秋蔬菜、北部高纬度夏秋蔬菜、黄淮海与环渤海设施蔬菜六大优势区域，呈现栽培品种互补、上市档期不同、区域协调发展的格局，有效缓解了淡季蔬菜供求矛盾，为保障全国蔬菜均衡供应发挥了重要作用。总体而言，当前我国蔬菜播种面积呈现东部稳定、中西部持续增加的趋势。从蔬菜种植模式来看，近年来，我国设施蔬菜生产一直呈稳定发展趋势，播种面积和产量分别约占总量的20%和30%。从世界范围来看，我国的设施蔬菜播种面积占世界总设施蔬菜播种面积的85%以上，播种面积和产量都高居世界第一。

自2001年"全国无公害食品行动计划"实施以来，农产品质量安全工作得到全面加强，蔬菜质量安全水平明显提高。在蔬菜质量安全水平提高的同时，商品质量也明显提高，净菜整理、分级、包装、预冷等商品化处理数量也逐年增加。

从结构上来看，普通蔬菜产需已基本平衡，大宗蔬菜出现季节性、区域性过剩，价格下跌、效益下降，而一些稀有品种仍然供不应求，效益良好。因此，全国的蔬菜生产与未来发展必须依靠增加科技含量，优化生产布局和结构调整，调整单产、增加品种等措施，满足市场需要。

1.1.2 我国蔬菜产业发展存在的问题

目前，我国蔬菜生产呈现数量充足、品种丰富、供应均衡、质量安全的良好发展局面。但在新的发展形势下，我国蔬菜生产、保障供应也面临不少新问题、新挑战，主要表现在以下四个方面。

一是蔬菜价格波动加剧。受种子、农资、人工成本增加等因素影响，蔬菜价格涨幅呈上升态势。受极端天气等因素影响，年际蔬菜价格波动加大。受市场环境及信息不对称等多种因素影响，不同品种的蔬菜价格差异大，而且同一种蔬菜在不同区域的售价也大不相同。

二是蔬菜质量安全问题仍然突出。我国蔬菜质量总体是安全的、食用是放心的，但局部地区、个别品种农药残留超标问题时有发生。主要原因在于：一方面蔬菜标准化生产推进力度不大，农药使用不够科学，容易引起农残超标；另一方面，蔬菜监测与追溯体系不健全，产地环境农药、化肥、地膜等投入品和产品质量等关键环节监管手段弱，而且蔬菜生产经营规模小、环节多、产业链长也加大了监管难度，致使部分农残超标蔬菜流入市场。新闻中报道的蔬菜农药残留超标等质量安全问题，常会引起大众的恐慌。

三是基础设施建设滞后。蔬菜生产基础设施不足，严重影响蔬菜生产和流通发展，极易造成市场供应和价格波动。近些年，大量菜地由城郊向农区转移，农区新建菜地基础设施建设跟不上，排灌设施不足，致使露地蔬菜单产不稳；温室、大棚设施建设标准低、不规范，抗灾能力弱，容易受雨雪冰冻灾害影响；蔬菜的生产、流通环节存在采摘后处理不及时，田头预冷、冷链设施不健全，储运设施设备落后、运距拉长问题，蔬菜易腐的问题难以解决；产销信息体系不完善，农民种菜带有一定盲目性，造成部分蔬菜结构性、区域性、季节性过剩，损耗量大幅增加，给农民造成极大损失。

四是科技创新与转化能力不强。由于投入少、研究资源分散、力量薄弱，蔬菜品种研发、技术创新与成果转化能力不强，难以满足生产发展的需要。育种基础研究薄弱，蔬菜种质资源搜集、整理、评价及育种方法、技术等基础研究不足；育种目标与生产需求对接不够紧密，商品品质、复合抗病性、抗逆性等方面的育种水平与国外差距较大，难以满足设施栽培、加工出口、长途贩运蔬菜快速发展的需要；育种成果转化机制不灵活，科研单位与企业衔接合作不够密切，制约了成果的推广应用。与此同时，良种良法不配套，栽培技术创新、储备不足，基层蔬菜技术推广服务人才短缺、手段落后、经费不足，技术进村入户难，生产的问题越来越突出，如：蔬菜病虫害发生面积越来越大、危害越来越重；过量施用化肥，有机肥施用不足，加上连作引起的土壤盐渍化、酸化不断加重，影响蔬菜产业的持续发展；农村青壮年劳动力大量转移，劳动成本大幅上涨，轻简化栽培、机械化生产技术集成创新亟待加强。

1.2 国内外蔬菜生产机械化概述

1.2.1 国外蔬菜机械化现状

欧美各国自 20 世纪 30 年代以来，着重解决蔬菜栽植和收获的机械化问题。1931 年，苏联研制了甘蓝收获机，1933 年，研制出块根拔取式收获机；1945 年，美国研制成功黄瓜收获机和播种丸粒种子的精密蔬菜播种机。20 世纪 50 年代以后，一些欧洲国家相继研制成功各种类型的蔬菜收获机械，蔬菜机械化生产水平大幅提高。现除需要多次选择性收获及要求无损伤的鲜售果菜类的收获作业外，其他作业项目都实现了机械化。

1. 美国蔬菜机械化生产现状

美国自然气候条件优越，适宜发展蔬菜产业，50 个州中有 37 个州从事蔬菜生产，生产布局区域化特征明显，中南部地区集中在得克萨斯州西部及新墨西哥州，西南部地区集中在加利福尼亚州，南部地区集中在得克萨斯州东部、佛罗里达州墨西哥湾海岸，北部地区集中在威斯康星、华盛顿、明尼苏达等地。由于市场经济发达，美国已率先实现蔬菜产业现代化，解决了蔬菜周年均衡供应问题。美国蔬菜产业发展特点可归纳如下。

1）生产区域化

生产区域化主要特征为：适应市场竞争的需要，拥有气候和土壤环境等自然优势的良好条件，及发达的交通运输和通信条件。

2）布局专业化

蔬菜生产布局因地制宜，四大片区的冬季、早春、夏秋蔬菜生产基地根据各自的气候和土壤条件专门生产几种最适宜的蔬菜，形成了较为完善的全国性蔬菜生产分工体系。

3）服务社会化

蔬菜产业服务体系完善，技术先进，基本实现了产前、产中、产后的全方位社会化服务。专业化生产以社会化服务为前提，生产工艺分为若干职能的专门作业，这些作业分别由不同农场完成。可靠的合同信用和完善的社会化服务是该模式必备的前提条件。

4）全程机械化

蔬菜产业从整地、播种、收获到采后处理实现了机械化，部分环节已经实现了自动化，智能化机械的应用日益普及。

美国蔬菜机械化生产的特点为：机械趋向大型化，技术趋向智能化，配套使用高技术拖拉机，广泛应用多功能机械，机具质量稳定可靠，使用寿命长，售后服务完善。

2. 日本蔬菜机械化生产现状

日本国土狭长，地形以山地为主，四季分明，雨量充沛，土地肥沃，气候条件适宜发展蔬菜产业，但人多地少、自然资源不丰富使蔬菜产业的发展受到人均资源的制约。

从生产布局看，日本蔬菜生产户小而分散，“分散生产、集中供应”是蔬菜生产布局的主要指导思想。从生产目的看，日本蔬菜生产主要满足本地市场的需求。从生产方式来看，自然条件决定了蔬菜生产只能走精细化发展道路。

日本利用有限的土地，基本满足了本国的蔬菜消费需求，其蔬菜产业发展模式成为许多自然条件与其相似国家的典范。

日本蔬菜产业发展特点可归纳为如下三个方面。

第一，注重先进技术的应用和科技创新，形成了规模化、专业化的蔬菜生产基地，广泛采用先进的栽培技术、良种繁育技术和机械化技术。这种模式以机械技术进步来替代劳动力为主，辅以化学及生物型技术进步以节约资源，除部分果菜类的采收环节尚未实现机械化外，蔬菜生产从播种苗、施肥直至收获、包装、上市都实现了机械化，并向高性能、自动化和智能化方向发展。

第二，农协是组织和发展蔬菜生产的基本元素，日本因人均耕地面积小难以形成较大规模的生产经营体，政府通过发展和培养农协等合作组织提高蔬菜流通的组织化程度。

第三，在政府宏观管理方面，日本从中央到地方普遍实行一体化的蔬菜管理体制，其颁布了10余项法律法规，实行依法治理。实行指定品种、指定产地、指定消费地的产销计划管理，建立完善的信息系统，为保护农民利益和稳定物价，对农产品实行严格的保护措施。

3. 欧洲国家蔬菜机械化生产现状

欧洲国家拥有多样化的气候和地形条件，蔬菜种类非常丰富，是全球主要的西红柿产地之一。欧盟南部成员国以露地生产为主，温室生产为辅，荷兰和比利时则以蔬菜周年温室生产为主。蔬菜是欧盟有机农业的重要内容之一，2014年在欧盟的3.8万个有机农业生产商中，从事水果和蔬菜生产的比例为18.5%。

从20世纪50年代开始，欧洲国家以提高农业生产率为目标，加快了农业现代化的进程，其农机工业体系较为发达，蔬菜机械化生产发展较早，机械化程度较高。

法国的蔬菜生产主要分布在南部靠近西班牙的亚热带地区和卢瓦河流域西部沿大西洋地区。露地蔬菜生产从整地施肥、起作畦、移栽（播种）土、中耕施肥、除草采收，全部为配套机械化作业，灌溉以管道化的喷灌为主，露地蔬菜以沙拉菜、紫甘蓝、胡萝卜等为主。保护地蔬菜主要以大玻璃暖房种植的西红柿、黄瓜、辣椒为主。暖房内的温度、湿度、CO_2 的浓度都由分布在各处的装置探测并由计算机系统根据标准自动控制调配。蔬菜病虫害防治以生物防治为主，蔬菜基本不施农药。人们根据作物的不同生长期对各种营养元素的需求规律，配置科学的施肥配方，配方肥随作物灌溉系统直接输送到根部。

自 20 世纪 60 年代起，荷兰政府以节约土地、提高土地生产率为目标调整农业结构和生产布局，使农业生产向产业化、集约化和机械化方向发展。其中温室设施农业是荷兰最具特色的农业产业，居世界领先地位。目前，荷兰温室的建筑面积约为 11 亿 m^2，约占全世界温室面积的 1/4。荷兰主要种植鲜花和蔬菜，其蔬菜生产具有自动化程度和生产水平高，生产集约化、规模化、专业化，市场经营规范有序等特点。荷兰的温室产品中有 50%~90%用于出口，其中温室蔬菜占本国蔬菜外销的比例高达 86%，同时荷兰也是世界上四大蔬菜种子出口国之一。

德国的农机工业很发达，每年的出口量约占农业机械生产量的 50%，出口额居西欧国家前列。农机产品制造水平高，农机企业对市场需求反应及时，适应能力强，因此德国农机产品在世界上占有较高市场份额。德国的蔬菜生产机械化水平较高，农机和农艺结合较为密切，严格按照标准进行种植管理，自动化程度较高。

1.2.2　国内蔬菜机械化现状

我国蔬菜生产机械化在种植地区、生产环节方面差异较大，机械化水平不均衡严重制约了我国蔬菜产业的发展。

1. 蔬菜生产区域特点

东北地区地广人稀，农业资源丰富，土地规模化程度较高，是我国农业机械化发展条件优越和水平较高的区域。由于东北地区地处温带季风气候区，冬季寒冷漫长，气候条件有利于控制农作物病虫害发生率，适宜种植绿色蔬菜和有机蔬菜。东北地区蔬菜生产中耕整地和植保机械化水平较高，种植和收获环节的机械化水平较低，这与我国其他区域蔬菜机械化生产发展现状基本一致。

西北地区地域辽阔，以新疆为代表，其蔬菜加工业在全国处于先进水平，西红柿、辣椒等特色农产品加工是当地政府发展的重点，新疆农产品产后加工环节机械化水平较高，但鲜食蔬菜生产环节机械化水平较低。除耕整地环节之外，种植、植保、收获等环节机械化水平较低，影响了蔬菜产业全过程协同发展。此外，南疆、北疆自然条件不同导致种植制度差异较大，如南疆一些地区蔬菜与林果作物间作套种，种植制度不适宜机械化技术推广。华北地区以山东为代表，山东蔬菜产业发展迅速，设施蔬菜最具特色，产品远销日本、韩国等国家。设施蔬菜与大田蔬菜的种植方式区别巨大，设施蔬菜生产采用的育苗技术更为先进，钵体育苗应用广泛，工厂化育苗具有一定规模，耕整地环节一般采用小型和微型耕作机械，灌溉方式较为先进，滴灌、喷灌、微灌等均有应用。在种植和收获环节，设施蔬菜和大田蔬菜均以人工作业为主，实际生产中较少使用机械。

长江中下游地区以江苏、浙江和上海等为代表，这些地区自然环境良好，经济基础雄厚，发展条件优越，除栽种环节需要人工辅助外，耕整地环节机械化水平较高，植保环节大多采用电动或柴油驱动的植保机械作业，灌溉采用微灌、喷灌、滴灌等方式，蔬菜机械化种植在部分地区已得到应用和推广，根茎类蔬菜收获开始采用机械化作业，茄果类和叶类蔬菜主要依靠人工生产作业。华南和西南地区受自然条件、地形因素和经济基础等方面影响，蔬菜生产机械化发展相对落后，经济较发达的平原地区蔬菜机械化生产水平高于其他地区，耕整地和植保环节机械化作业应用较广泛，种植和收获环节机械化作业应用较少，在丘陵山区植保环节机械化作业应用较少，种植主要依靠人工，机械化作业水平低。

2. 蔬菜生产各环节

在种子处理与育苗方面，受处理成本和技术设备等影响，我国蔬菜种子处理一般采用化学药剂浸泡处理方法，我国种子处理主要由种子公司完成，从种子公司购买种子后进行简单处理即可。不同种类蔬菜育苗技术不同，蔬菜育苗设备价格较高，需要一次性投入较多资金，对生产管理等要求较高，因此现在有专门的蔬菜育苗合作社或者公司，专门进行蔬菜育苗出售或者代农户育苗。

在耕整地方面，耕整地环节的机械化水平在蔬菜生产环节中最高，江苏、山东等地蔬菜耕整地机械化水平达90%以上，原因是这些地区的大田农机化水平、农机工业水平均较高，机械化发展条件好，蔬菜耕整地机具性能可靠、质量稳定、技术成熟，能满足蔬菜生产的需要。此外，蔬菜耕整地环节机械化技术与其他农作物差异较小，小麦、水稻、玉米等粮食作物的耕整地机械可直接作为替代机具用于蔬菜耕整地作业，满足蔬菜机械化生产需求。受到蔬菜传统种植模式的影响，我国各地区蔬菜耕整地环节机械化存在诸多共性问题，包括蔬菜耕整地标准化、规范化程度不够，普遍依靠人工作业，同一地区的田块整理起垄规格、地面平整度、土壤条件等缺少统一标准，起垄环节作业质量标准化和规范化程度低，直接影响后续播种移栽、田间管理、收获等环节作业，间接影响各环节的装备技术创新。

在种植方面，我国蔬菜种植机械化水平低，少数地区采用蔬菜播种机械实现机械化作业，大多数地区蔬菜播种和移栽环节仍依靠人工作业，机械化作业水平几乎为零。其原因为不同蔬菜品种的种植制度不同且差异较大，对种植机械的配套性、多样性和专用性提出了较高要求，目前技术成熟、性能可靠的种植机械十分缺乏，受耕整地环节机械化水平影响，土壤条件无法满足种植机械作业要求，导致蔬菜种植机械化作业水平低。

在田间管理方面，与蔬菜生产其他环节相比，灌溉与植保环节机械化水平较高。在蔬菜规模化种植过程中，机械增压喷灌是应用较多的灌溉方式，有条件的地区已在应用更先进的喷灌和滴灌设备。在机械化植保方面，电动喷雾机或机械喷雾器在蔬菜生产中利用最普遍，一些蔬菜种植规模较大的地区也开始应用无人植保机等。

在收获方面，蔬菜机械化收获作业包括切割、采摘、挖拔各类蔬菜的可食用部位，因此蔬菜收获机械可分为根茎类、果类、叶菜类等，蔬菜类型不同收获机械化水平也存在较大差异。胡萝卜、萝卜等根茎类蔬菜收获机械化水平较高，山药、牛蒡、芋艿等特色蔬菜除外。我国蔬菜以鲜食为主，茄果类蔬菜因成熟期不一致且需要分批次进行选择性收获，机械化收获难度较大。叶菜类蔬菜因食用部位易受损伤故收获要求高、难度大，基本依靠人工完成作业。除部分蔬菜基地或示范园区外，我国蔬菜收获机械化水平不高，收获机械的机械化和自动化程度也较低，多数收获机械在作业时需要人工辅助。

在采后初加工方面，蔬菜产后损失量大，占总产量的20%~25%，“无机可用”“无好机用”问题依然存在。例如蔬菜采后整理等缺少适用装备，处理设备简陋、效率低、自动化程度低、加工品质差等问题还不同程度存在。

当前我国蔬菜供求总量基本平衡，但是用工难、用工贵的问题在蔬菜生产中愈发明显。随着我国城镇化进程的加快和农村富余劳动力向非农产业转移，劳动力成本不断增大是蔬菜产业发展的主要制约因素，也是蔬菜生产实现机械化的直接推动力。因此，加快蔬菜生产机械化是当前蔬菜产业发展的一项迫切任务。

1.2.3 蔬菜生产机械化的问题和挑战

当前，我国“三农”工作进入全面推进乡村振兴、加快农业农村现代化的新阶段，蔬菜产业是我国农业的主导产业，蔬菜品种多，种植农艺多样，但是生产机械化水平低，不能满足蔬菜种植的需求，特别是收获环节，基本还是依靠人工采收。其主要受以下几方面的制约。

第一，蔬菜种植农艺复杂，影响蔬菜机械化技术应用。我国蔬菜品种多，常年种植的蔬菜约有 14 大类 150 多个品种，为了提高土地利用率和蔬菜种植产量，蔬菜种植茬口较多，北方平均年产蔬菜 2~3 茬，南方平均年产蔬菜 3~4 茬。

第二，蔬菜生产规模偏小，影响农机推广。我国蔬菜生产规模普遍较小，目前我国蔬菜规模化种植模式主要集中在大中城市周边城郊地区，广大农村地区蔬菜生产模式仍普遍以家庭散户为单位，且蔬菜种植家庭散户大多倾向于人工劳作。机具购买前期成本较大，机具利用率不高，且家庭散户一般不将人工劳动力计入生产成本，机具使用成本就显得较高。不同品种蔬菜的种植农艺技术复杂，且各地区的种植制度差异化较大，也缺少标准化的种植规范，因此与大田粮食作物相比，蔬菜生产机械的专用性强而通用性窄，技术推广的难度也大。

第三，缺乏系统的机械化技术标准和规范。首先，设施结构与机具不配套，我国设施蔬菜园区普遍存在设施简陋、空间小、不标准等制约机具作业的问题。其次，蔬菜生产复种指数普遍较高，而且蔬菜生产各环节间的机械不配套、作业标准不统一、耕整地土壤条件和垄形规格等参数不符合种植和收获等后续生产环节机具作业的要求。最后，不同品种的蔬菜植株形态差异较大，对植保和田间管理机具的配套适应性都提出了较高的要求，严重制约了机械化技术应用，我国急需研发标准化、系列化作业机具，并制定配套规范。

第四，适宜蔬菜生产的装备技术储备不足。由于蔬菜品种多，生长环境、食用部位、新鲜程度也不尽相同，难以开发出适宜各种蔬菜的通用型综合机械。一方面，机械技术的通用性影响机具大面积推广，现有机具适用的蔬菜品种和作业环节比较单一，可靠适用的叶菜类收获机械和茄果类收获机械非常缺乏。另一方面，蔬菜生产机械的性能质量、安全性和售后服务也是影响推广应用的重要因素。

第五，机械使用成本影响购置意愿。农业机械的应用受技术经济条件制约，当使用机械所产生的收益能达到预期目标时，客观上才具有选择机械生产的动力条件，种植户才会产生使用机具的意愿。当种植面积不大时，为降低生产成本，种植户通常会选择由家庭劳动力完成作业，当种植规模扩大时，只有在家庭劳动力无法完成作业的情况下种植户才会考虑购置机具。对种植户而言，农机购置成本较高，投资回报期较长，经过从体力节省、经济收入等多方面的充分权衡，只有预期收益远超机械使用成本，种植户才会做出购置机具的投资决策，机械也才具备推广条件，而且种植户往往不将家庭劳动力计入生产成本，甚至把通过投入家庭劳动力而节省的机械使用费算作收益。此外，蔬菜田块布局和田间基本建设条件等也与机械作业成本密切相关。

随着人民生活水平的提高，对优质、无公害蔬菜的需求会越来越大，人们对蔬菜的质量需求出现多样化、高档化的趋势。

第 2 章　蔬菜耕整地机械化技术与装备

2.1　蔬菜耕整地机械化技术概述

2.1.1　蔬菜耕整地机械化技术现状

机械化耕整地是蔬菜生产过程中的基础环节，通过农业机械的物理作用，改善土壤的耕层结构和地墒状况，改善土壤环境，为作物播种出苗、根系发育和丰产丰收创造优良条件。耕整地作业要达到以下效果。

（1）疏松耕层土壤。增加土壤总孔隙和非毛细管孔隙，增加土壤的透水性、通气性和保水性，提高土壤保墒能力。

（2）改善耕层理化性质。土壤耕作，既破坏土壤板结，又可以使耕层上层丧失结构性的土壤和下层具有较好结构的土壤交换，保持耕层团粒结构，有利于蔬菜根系呼吸，加速有机质分解，提高固氮量。

（3）改善土壤条件。增加土壤中的水分和空气，改善土壤温热条件，促进土壤微生物活动，加速土壤有机物分解，调节土壤中水、热、气、养的相互关系。

（4）增加土壤肥力。翻压基肥，可以创造肥、土相融的耕层，促进其分解转化，可以减少肥料的损失，改良土壤的理化性质。

（5）消除草害。结合土壤耕作，覆盖杂草及蔬菜残茬，有助于消灭杂草，提高土壤肥力。

（6）防治病虫害。深翻可以掩埋带菌体及虫卵，改变其生活环境，减轻蔬菜病虫害，保持田间清洁。

（7）平整表面。通过机械化耕整地，平整土地、压紧表面，为蔬菜播种、种子发芽、幼苗定植等创造“上松下实”的优良生长环境。

土壤在经过深松或深翻后，在耕层内可能会留有较大土块或空隙，当地表不平整不利于播种或苗床状况不好时，须进行整地作业，进一步破碎土块，平整地表，混合土肥，改善播种和种子发芽条件。

1. 蔬菜耕整地机械化现状及发展趋势

在蔬菜生产全过程中，耕整地作业相对其他作业环节，作业机具较为成熟，机械化水平较高，但作业质量和作业效率还有待进一步提高。目前，露地栽培蔬菜的耕整地机械通常采用大田用拖拉机配套作业机具，拖拉机动力一般在 36.7~58.8 kW，作业机具以翻转犁、驱动耙和旋耕机为主，存在功能相对单一、作业精度较低等情况。在设施农业中，蔬菜的耕整地作业多采用田园管理机、微耕机或手扶拖拉机配套作业机具进行，存在动力偏小、作业效率低、作业质量差等问题。

近年来，随着蔬菜生产全程机械化技术的发展，结合生产特点和农艺要求，我国蔬菜耕整地机械化的发展趋于以下几个方向。一是机具复合化，通过一次性作业，可以同时完成旋耕、整地、施肥、铺管、覆膜等作业工序，节省农时，避免重复性作业。二是设备智能化，随着北斗导航系统的推广应用，耕整地机械实现自动导航无人驾驶、实时监控、无线机具识别、定位等功能，全面监控农机信息、卫星定位信息、作业状态信息等农机深松整地数据，支持远程调试故障，智能操作方便。三是作业规范化，由于蔬菜作物种类繁多，农艺要求复杂，起垄、开沟尺寸千差万别，规范化、系列化作业有利于耕整地以后的播种、移栽、管理、收获各环节机具配套，还有利于全程机械化的开展。四是效果精细化，土地经过耕整作业后，土壤细碎，深松深度在 40 cm 以上，打破犁底层，蓄水保墒；垄形平整，垄沟齐直，满足机械化移栽或播种对耕整地的质量要求。

2. 蔬菜耕整地机械化作业工序

蔬菜耕整地作业主要包括平整土地、基肥撒施、基本耕作（深耕、旋耕）、整地（耙地、起垄、开沟、作畦）、铺膜等工序。我国蔬菜作物种类繁多，农艺要求千差万别，耕整地作业工序多种多样，蔬菜耕整地机械化作业是为后期蔬菜播种、移栽、田间管理和收获的机械化作业打基础，目前以精细化作业为主，对土壤的碎土率、耕深稳定性、垄体表面平整度等作业指标均有较高要求。蔬菜生产耕整地环节的主要工艺顺序：平整土地→撒基肥→土壤深耕（深松、深翻）→表土耕作（耙地、镇压）→起垄（开沟、作畦）→覆膜，结合农艺要求，不同蔬菜作物的耕整地环节可能包含其中的某几种工艺。

2.1.2　蔬菜耕整地主要环节技术要求

1. 土壤深耕（深松、深翻）技术要求

土壤深耕可以加厚活土层，疏松土壤，破除犁底层，降低毛细管作用，减少蒸发，防止返盐，提高土壤的透水性，增强土壤蓄水、保肥、抗旱、抗涝能力，还有利于消灭杂草和病虫害。作业应根据土壤的墒情、耕层质地情况具体确定。土壤含水量在 15%~22%时，宜进行深松作业；作业季土壤含水量较高，比较黏重的地块不宜进行深松作业，以防出现坚硬板结的垄条而无法进行耕作。

1）深松时间

选择适宜的耕作期，以秋季全方位深松为主，以夏季局部深松为辅，全方位深松多在秋茬蔬菜收获后进行，有利于蓄纳秋冬雨雪。作业周期根据土壤条件而定，深耕的良好作用可持续 2~3 年，因此不需要每年进行，一般 2~4 年一次。

2）深松深度

深松深度可根据不同土壤质地、不同蔬菜种类所需深度来确定。不同蔬菜种类需要不同的土壤深度，一般来说，蔬菜种植所需土壤深度在 10 cm 以上为宜。对于大部分蔬菜来说，土壤深度在 20~30 cm 为最佳。常见蔬菜所需的土壤深度见表 1-1。

表 1-1　常见蔬菜土壤深度需求表

分类	土壤深度需求/cm	常见蔬菜种类
浅根类蔬菜	5~10	萝卜、小葱、大葱、洋葱、白菜、芹菜等
中根类蔬菜	15~20	黄瓜、豆角、南瓜等
深根类蔬菜	30~40	胡萝卜、甜菜、大蒜、马铃薯等

3）作业要点

深松作业要不乱土层，熟土在上，生土在下，避免把大量生土翻上来，可实行深松与浅耕结合，使耕层土壤得以持续利用。深松应与土壤改良措施相结合，在耕翻过程中增施有机肥、翻砂压淤等，使肥土相融，加厚活土层。深松要注意土壤宜耕性，不能湿耕，且要尽量减少机车作业次数。

2. 表土耕作技术要求

表土耕作是基本耕作的辅助措施，主要包括耙地、压地等作业。

1)耙地

其作用是疏松表土，耙碎耕层土块，解决耕翻后地面凹凸不平的问题，使表层土壤细碎，地面平整，保持墒情，为做畦或播种打下基础。一般用驱动耙或圆盘耙在耕翻后连续进行。

2)压地

压地指用镇压器镇压地面，主要有播前镇压和播后镇压。土地耕翻耙平后进行播前镇压，其主要作用为压碎残存土块，平整地面；适当提高土壤紧密度；调节土壤通气和温度状况，并通过增强毛细管作用而增加耕层含水量，为播种创造良好的土壤环境。北方干旱地区和南方部分丘陵旱地，采用镇压措施对提摘、保苗有明显效果。播后镇压在播种后进行，其作用是压碎播种时翻起的土块，使种子覆土均匀，种子与土壤密接，以利幼苗发根，增强耐旱力，并可减少地面蒸发和风蚀。但如土壤墒情及土壤细碎程度适宜时，可免除此工序，水分含量较大的土壤或地下水位较高的下湿地、盐碱地，则不宜镇压。

3. 起垄作业技术要求

起垄种植方式能够提高土壤排水性和透气性，便于根系生长和养分吸收，垄内的温度和湿度也有利于作物的生长发育。起垄的大小和形状根据不同作物种类进行调整，以满足其生长需求。

1）起垄高度

叶菜类蔬菜的生长周期较短，对土壤养分的要求也较低，因此起垄高度无须过高，一般在 10~20 cm。另外，叶菜类蔬菜也可选择平地种植。豆类蔬菜的根系较为发达，起垄高度要适中，通常在 15~25 cm。根菜类蔬菜需要较深的土壤层来满足其根系的生长需求，因此起垄高度相对较高，一般在 20~30 cm。果菜类蔬菜需要更多的养分和水分来满足其生长需求，起垄高度更高，通常在 30~40 cm。

2）作业要求

当耕地含水量为 15%~25%时，蔬菜起垄作业效果最佳。蔬菜垄形结构多样，根据垄高和垄顶宽的要求，侧坡度一般在 50° ~70° 。起垄方向要因地制宜，从蔬菜生长的角度来看，垄向以南北方向为宜。从机械作业的角度来看，土垄要尽可能长，以减少机具掉头的次数，提高作业效率。

3）机具选择

根据土壤特性、农艺要求和动力匹配等因素选择合理的起垄机械。起垄机具进地前应根据不同的蔬菜作物调整好垄距和垄高。对于栽植深度要求较高的蔬菜品种可选择开沟机，后期再进行二次修整起垄。

4. 地膜覆盖技术要求

地膜覆盖栽培技术是采用地膜对地表进行覆盖，改变太阳辐射和土壤热交换的规律，达到增温保墒的目的，促进蔬菜的生长和发育，对蔬菜的高产优质、早熟具有明显的效果。

1）品种选择

一般来说，对于地膜覆盖栽培的蔬菜无特殊的要求，但考虑到蔬菜的均衡供应和市场需要，更重要的是地膜覆盖的经济效益。因此，在品种选择上就应该充分考虑增产效果较好、经济效益高的蔬菜种类或品种。常见的蔬菜：如萝卜、黄瓜、冬瓜、西葫芦、豇豆、番茄、辣椒、茄子、马铃薯等蔬菜的增产效果较明显，尤其在早春、晚秋及冬季这三个时期，增产效果更加显著。

2）深耕细耙整地，施足基肥

地膜覆盖栽培，一般不便追肥，因此施足基肥是关键。翻地前根据作物种类特性施足有机肥料，为防止肥料单一，造成生理失调，令蔬菜徒长，应适当配合施入一定比例的磷钾肥。在施足基肥的前提下，对土壤深耕细耙，使畦面土粒细碎、平整，畦面中央略高，呈“龟背”状，这样有利于地膜与地面接触紧密。

3）喷除草剂

为了防止铺膜后杂草丛生，保证地膜紧贴地面，在铺膜前要喷除草剂，但应根据不同的蔬菜种类进行选择，按照规定的操作方法使用，使用量一般比露地减少 1/3。

4）覆盖地膜

整好土地，淋足水和喷除草剂后要立即盖膜，以防止土壤失墒，减少水分蒸发。一般选择的薄膜宽度要比垄面宽出 30 cm，方便栽种操作。覆膜时要拉紧薄膜，顺畦面铺平、铺正，使地膜紧贴畦面，四周用土压实，防止透气，每隔 2~3 m 横压土腰带，一是防止大风揭膜；二是拦截垄沟内的降水径流。大多数品种从播种到收获一直覆盖地膜，少数品种，如马铃薯，在结薯前应把地膜取出。

5）机具选择

采用起垄铺膜机或起垄铺膜施肥覆土联合作业机，一次完成起垄、铺膜（施肥）、覆土镇压等多道作业工序。

2.2 蔬菜耕整地机械

2.2.1 平地机械

优质的蔬菜地块须具备土地平整、便于排灌等条件。设施蔬菜生产因单体种植面积小且相对平整，通常无须机械化平地。而面积较大的露地蔬菜种植地块，由于多年雨水和漫灌冲刷，表层土壤流失、地表不平，一般 3~5 年须进行一次机械化平地作业。土地平整有助于改善土表状况，优化菜田灌溉效果，提升肥料利用率，降低病虫害发生率，进而提高蔬菜产量。过去，土地平整多采用常规方式，借助平地机和铲运机等机械作业，但只能达到粗略平整。为提高精度，可运用卫星平地机、激光平地机进行高精度的农田平整。平地作业前，宜先用旋耕机浅旋土壤，疏松表土，粉碎耕地里的剩余根茬，加快秸秆还田，促苗早发，提高出苗率。

1. 卫星平地机

卫星平地机是一种利用卫星定位技术实现精准土地平整的农业机械。它的出现极大地提高了农田土地平整的效率和精度，为农业现代化发展提供了有力的支持。

1）结构原理

a. 卫星平地机结构

卫星平地机主要由以下几个部分组成。

（1）卫星接收装置。卫星平地机配备了高精度的卫星定位接收装置，它能够实时接收来自卫星导航系统（如北斗、GPS 等）的信号。这些信号包含了卫星的位置、时间和速度等信息，通过对这些信息的处理和计算，卫星接收装置可以精确确定平地机在田间的位置、姿态和移动速度。

（2）控制系统。控制系统是卫星平地机的核心部分，它负责处理卫星接收装置传来的数据，并根据预设的土地平整目标和算法，计算出平地铲的升降高度和角度，以实现精准的土地平整作业。控制系统通常包括电子控制单元（ECU）、传感器、控制器和执行机构等。

（3）平地铲。平地铲是卫星平地机进行土地平整作业的直接工作部件。它通常由高强度的金属材料制成，具有较大的铲面和锋利的刃口，能够有效地切削和推移土壤。平地铲通过液压系统与机身连接，可以在控制系统的指令下实现升降和旋转，以适应不同地形和作业要求。

（4）液压系统。液压系统为平地铲的升降和旋转提供动力支持。它由液压泵、液压缸、液压阀和油管等组成。当控制系统发出指令时，液压泵将液压油输送到相应的液压缸，推动活塞，从而实现平地铲的动作。

（5）行走装置。卫星平地机的行走装置通常采用履带式或轮式结构，以保证其在田间具有良好的通过性和稳定性。行走装置的驱动方式可以是机械传动、液压传动或电动传动，人们可根据机型和作业需求进行选择。

卫星平地机的工作原理基于卫星定位技术和自动控制技术。在作业前，操作人员需要在控制系统中输入田块的边界、设计高程等信息，并设置好平整精度等参数。在作业时，卫星接收装置实时获取平地机的位置和姿态信息，控制系统将这些信息与预设的目标值进行比较和计算，得出平地铲需要调整的高度和角度，并通过液压系统控制平地铲的动作。随着平地机在田间的移动，平地铲不断切削和推移土壤，使土地表面逐渐达到预设的平整度和高程。

b. 卫星平地机结构优点

卫星平地机具有以下优点。

（1）高精度。借助卫星定位技术，卫星平地机能够实现厘米级甚至毫米级的土地平整精度，大大提高了农田灌溉和排水的效率，减少了水资源的浪费。

（2）高效率。相比传统的人工平地方法，卫星平地机作业速度快，能够在短时间内完成大面积的土地平整作业，节省了人力和时间成本。

（3）自动化程度高。卫星平地机的控制系统能够自动完成数据处理和铲刀调整，操作人员只需进行简单的设置和监控，从而降低了劳动强度，提高了作业质量的稳定性。

（4）适应性强。卫星平地机可以适应不同地形和土壤条件的农田，无论在平原地区还是丘陵山区，都能够实现有效的土地平整作业。

2）卫星平地机装备配套

天宸北斗卫星导航技术（天津）有限公司生产的12PW-300D型北斗卫星平地机（图2-1），结构形式为牵引式，配套拖拉机动力在140 kW以上。在作业时，北斗专用接收器实时接收北斗卫星信号，车载计算机根据预设的土地平整目标和算法，对接收的数据进行处理和计算，发出平地铲需要调整的高度和角度等指令。控制器在收到计算机指令后，控制液压泵工作。液压泵驱动油缸，实现平地铲的升降动作，从而对土地进行切削和推移。平地铲的形式为弯梁铲，铲刃长度为3 000 mm，平地铲高度为800 mm，最大提升高度为480 mm。

图2-1　12PW-300D型北斗卫星平地机

其主要技术参数如表2-2所示。

表 2-2　主要技术参数表

项目	单位	设计值
工作状态外形尺寸（长 × 宽 × 高）	mm	3 900 × 3 088 × 1 730
最大工作幅宽	mm	3 000
控制方式	—	卫星控制
车载计算机型号	—	T-200
卫星接收机型号	—	M100
移动基站频率	Hz	450 050 000~470 050 000
移动基站功率	kW	0.001
控制器型号	—	AC-200

2. 激光平地机

激光平地机是一种利用激光技术进行土地平整的机械设备，通过激光定位，使土地平整精度更高，使土地更符合蔬菜种植精细化的要求，为提高蔬菜品质奠定了基础。

1）结构原理

激光平地机主要由激光发射器、激光接收器、激光控制器、液压系统、平地铲、机身、操作台等部分组成。

a. 激光发射器

激光发射器通常设置在地中央或地边角，用于发射激光，形成激光平面，其发射范围根据不同型号和应用场景有所差异，国内应用的激光发射器发射直径在 1 000 m 左右。激光发射器具有自动安平功能，若在工作中因振动或碰撞发生偏离，会自动停止发射，报警并重新自动安平。

b. 激光接收器

激光接收器安装在平地机具上，通过电缆与控制器连接，用于接收激光信号并显示，同时将信号传输给控制器。接收器接收信号的精度可调节，如 LS-B2 激光接收器的精度控制范围通常为 ± 3~50 mm。

c. 激光控制器

激光控制器可以处理激光接收器传输来的信号，进而控制液压工作站工作，使平地机的工作铲能够自动追踪激光平面进行作业。

d. 液压系统

液压系统为平地铲的升降提供动力，确保其能够根据控制器的指令精确动作。

e. 平地铲

平地铲直接与地面接触，进行刮土和平整作业。

f. 机身

机身包括高强度车架、动力部分、电气系统和轮胎等，为各部件提供支撑和固定。

g. 操作台

操作台包含操作手柄、油门手柄、电源、控制器、控制面板等，用于控制机器的前进、后退、转向及其他功能。

2）激光平地机装备配套

天泽基业科技（天津）有限公司生产的 12PJ-300B 型激光平地机（图 2-2），结构形式为牵引式，配套拖拉机动力在 88.2 kW 以上。作业时，激光发射器发出一定面积的基准圆平面（也可以提供基准坡度），装在平地机上的激光接收器接收信号，通过控制器处理后控制液压执行机构，使平地铲根据地面的高低变化做出升降动作，从而将地势高的土刮掉并运送到地势低的地方，最终实现作业范围内的土地水平高度近乎一致的效果。该款产品平地铲的形式为直顺铲，铲刃长度为 3 000 mm，平底铲高度为 700 mm，最大提升高度为 300 mm。

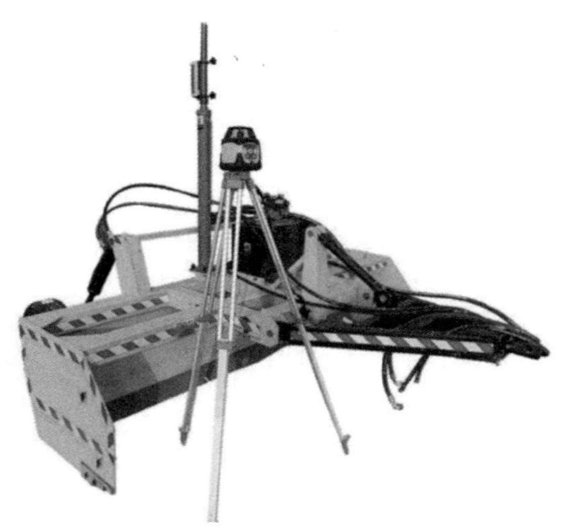

图 2-2　12PJ-300B 型激光平地机

其主要技术参数如表 2-3 所示。

表 2-3　12PJ-300B 型激光平地机主要技术参数表

项目	单位	设计值
工作状态外形尺寸（长 × 宽 × 高）	mm	3 400 × 3 100 × 3 700
最大工作幅宽	mm	3 000
控制方式	—	激光控制
激光发射器型号	—	KF-508
激光发射器有效发射半径	m	300
激光接收器型号	—	LS-808
桅杆数量	个	1
控制器型号	—	CB-808

2.2.2　基肥撒施机械

基肥撒施机械是一种用于将基肥均匀撒布在农田中的农业机械，通常被称为撒肥机。蔬菜生产所需基肥主要有化肥、有机肥、动物粪便、农家肥固体（包括面肥）和酒糟等。撒肥机是一种替代人力撒肥的理想设备，具有以下优势。

1. 提高劳动效率

传统的人工撒施基肥劳动强度大、效率低，而撒肥机能够快速、高效地完成施肥作业，大大节省了人力和时间成本。

2. 保证施肥质量

机械撒施可以实现肥料的均匀分布，避免了人工撒施中出现的施肥不均、漏施等问题，从而提高了肥料的利用率和作物的生长质量。

3. 减少环境污染

精准施肥技术的应用可以避免肥料的过量施用，减少肥料流失对土壤和水体造成的污染，有利于生态环境保护。

4. 适应大规模农业生产

随着农业规模化经营的发展，撒肥机能够满足大面积农田施肥的需求，为现代化农业生产提供了有力的支持。

1. 撒肥机分类

1）按撒施方式分类

a. 离心式撒肥机

离心式撒肥机是目前应用较为广泛的一种基肥撒施机械。其主要由料箱、撒盘、传动装置和机架等组成。肥料从料箱进入撒盘，在高速旋转的撒盘作用下被抛出，形成扇形的撒施区域。离心式撒施机械具有结构简单、撒施范围大、效率高等优点，但撒施均匀性不高，适用于大面积、粗放型的施肥作业。

b. 重力式撒肥机

重力式撒肥机依靠肥料自身的重力通过排肥口进行撒施。这种机械通常由料箱、排肥装置、调节机构和机架等组成。其通过调节排肥口的大小和位置，控制肥料的撒施量和撒施范围。重力式撒肥机撒施均匀性较高，但撒施范围较小，效率较低，适用于小面积、精细型的施肥作业。

c. 气力式撒肥机

气力式撒肥机利用压缩空气或风机产生的气流将肥料吹散并撒施出去。其主要由料箱、气力输送装置、撒施喷头和控制系统等组成。气力式撒肥机具有撒施均匀、射程远、适应范围广等优点，但结构复杂、价格较高，适用于对撒施均匀性要求较高的作业场景。

2）按动力来源分类

a. 牵引式撒肥机

牵引式撒肥机需要由拖拉机等牵引设备牵引作业。这种机械结构简单、价格较低，但在作业时需要依赖牵引设备，灵活性较差。

b. 自走式撒肥机

自走式撒肥机自身配备动力装置，可以独立行走和作业。其具有操作灵活、作业效率高的优点，但价格较高，维护成本也较高。

c 悬挂式撒肥机

悬挂式撒肥机通过悬挂装置与拖拉机等农业机械连接，作业时由拖拉机提供动力和操控。悬挂式撒施机械结构紧凑、安装方便，但在作业时受拖拉机性能的影响较大。

3）按适用肥料类型分类

a. 固体颗粒肥料撒肥机

固体颗粒肥料撒肥机主要用于撒施颗粒状的基肥，如尿素、复合肥等。这类机械通常具有较好的颗粒输送和撒施性能，能够满足固体颗粒肥料的施肥要求。

b. 粉状肥料撒肥机

粉状肥料撒肥机适用于撒施粉状的基肥，如过磷酸钙、钙镁磷肥等。由于粉状肥料流动性较差，这类机械需要配备特殊的输送和撒施装置，以确保肥料的均匀撒施。

c. 液体肥料撒肥机

液体肥料撒肥机用于撒施液体状的基肥，如沼液、水溶肥等。其通常采用喷雾或滴灌的方式将肥料施入农田，需要配备相应的液体输送和喷射系统。

撒肥机在农业生产中发挥着重要作用，其技术不断发展和完善，分类也越来越多样化。应根据实际作业需求、农田规模、肥料类型等因素，选择合适的撒肥机机型，以提高施肥效果和农业生产效率。

2. 双圆盘离心式撒肥机

扬州丰得农牧机械制造有限公司 2FGH-0.4 型双圆盘离心式撒肥机（图 2-3）是一种常见的用于撒施固体颗粒状基肥的撒肥机，具有结构紧凑、适用范围广、作业效率高、使用可靠、抛撒均匀的特点。2FGH-0.4 型双圆盘离心式撒肥机主要由机架、肥料箱、肥料输送系统、抛撒装置等组成，抛撒装置为后置悬挂双圆盘撒布形式。

图 2-3　2FGH-0.4 型双圆盘离心式撒肥机

其主要技术参数如表 2-4 所示。

表 2-4　2FGH-0.4 型激光平地机主要技术参数表

项目	单位	设计值
工作状态外形尺寸（长 × 宽 × 高）	mm	1 320 × 745 × 580（不规则方形锥体）
结构形式	—	非自走式不规则方形锥体料斗
料厢容积	m^3	0.4
最大载重量	kg	300
配套动力值（范围）	kW	≥55.5
抛撒宽度	m	≥8
肥料输送方式	—	搅拌漏送

将肥料提前放置到料斗中，肥料箱中的肥料在重力作用下流向肥料出口，撒肥机与拖拉机动力源连接并开始工作，动力通过传动装置传递到抛撒装置，搅拌漏送系统将料斗中的肥料不断地输送到双圆盘处。双圆盘在高速旋转时产生离心力，将肥料向四周均匀地抛出。为了保证撒肥的均匀性和准确性，在使用过程中要注意保持撒肥机的稳定行驶，避免急加速、急减速或急转弯等操作。同时，要根据肥料类型和农艺要求，合理调整撒肥机的相关参数，以达到最佳的施肥效果。

3. 液体撒肥机

液体撒肥机适用于各类液体有机肥的施用，包括厩肥、禽畜尿液、液态粪污、沼液、污水等。在农业和畜牧业中，这些机器被用来处理和施用液体粪肥，有效解决环境污染问题，提高土壤中的有机质含量，增强土壤的保墒和保水能力。德州农奔康机械有限公司生产的 2FYP-10 型液体撒肥机（图 2-4），通过真空泵产生的真空吸力吸取液态肥料，利用压力将其均匀地喷洒到农田中，具有施肥效率高、操作方便、施肥均匀等优点，能够满足农业生产中液态肥料撒施的需求，有助于提高肥料利用率和农业生产效益。

图 2-4　2FYP-10 型液体撒肥机

2FYP-10 型液体撒肥机主要由承重车桥、罐体、轮胎、真空泵、控制阀、管道系统及喷头组成。真空泵是液体撒肥机的核心部件之一，用于产生真空吸力，实现液态肥料的吸取和喷洒。管道系统连接罐体、真空泵和喷头等部件，确保液态肥料能够顺利输送到喷头处进行喷洒。控制阀控制液态肥料的流动，包括吸肥和喷肥的操作。

其主要技术参数如表 2-5 所示。

表 2-5　2FYP-10 型液态撒肥机主要技术参数表

项目	单位	设计值
工作状态外形尺寸（长 × 宽 × 高）	mm	1 320 × 745 × 580（不规则方形锥体）
结构形式	—	非自走式不规则方形锥体料斗
料厢容积	m^3	0.4
最大载重量	kg	300
配套动力值（范围）	kW	≥55.5
抛撒宽度	m	≥8
肥料输送方式	—	搅拌漏送

2FYP-10 型液体撒肥机以拖拉机后输出轴输出的动力为驱动力，当需要吸取液态肥料时，操作者启动真空泵，通过吸肥管道将液态肥料从储存容器或粪池中吸至

罐体内部。在施肥作业时，控制阀打开，罐体中的液态肥料在压力作用下通过管道输送至喷头，喷头将液态肥料以一定的速度和角度喷洒出去，形成扇形或其他形状的喷洒幅宽，均匀地覆盖在农田表面。操作者可以根据农田的面积、肥料的种类和浓度、作业速度等因素，合理调整液体撒肥机的工作参数，以达到最佳的施肥效果。

2.2.3 耕地机械

耕地机械是蔬菜生产中用于土壤耕作的重要机械设备，在改善土壤结构、提高土壤肥力、创造适宜作物生长的环境等方面发挥着关键作用。

1. 耕地机械种类

根据蔬菜生产的环境差异，耕地机械可分为露地和设施农业两部分机械，不同类型的耕地机械在两种生产场景中发挥着重要作用。

1）露地耕地机械

a. 铧式犁

铧式犁是传统的耕地机械之一，由犁体、犁架、牵引装置等组成，犁体是铧式犁的主要工作部件，通常包括犁铧、犁壁、犁侧板等，犁铧用于入土和切开土壤，犁壁则负责翻转和破碎土垡。铧式犁适用于熟地的翻耕作业，能够深入土壤底层，将土层翻转，深度可达 20~30 cm，有利于打破土壤的犁底层，增强土壤的通气性和透水性，改善土壤的物理结构，促进肥料的分解和养分的释放，提高土壤肥力。

b. 翻转犁

翻转犁是在铧式犁的基础上发展而来的，是目前最为常用的耕地机械，其最大的特点是具有双向液压翻转功能，能够实现双向翻转作业，具有较好的碎土和覆盖效果，适用于大面积耕地的深耕作业，能够有效地打破犁底层，改善土壤结构，提高作业效率。

c. 旋耕机

旋耕机是一种由动力驱动的耕地机械，其工作部件是安装在刀轴上的旋耕刀。在旋耕机工作时，旋耕刀高速旋转，对土壤进行切削、破碎和搅拌。旋耕机在大田蔬菜生产中被广泛应用，其主要作用是细碎、平整土壤，使土壤颗粒均匀，增加土壤与空气的接触面积，提高土壤的保水保肥能力。旋耕机作业后的土壤质地松软，有利于蔬菜种子的发芽和根系的生长。在播种前使用旋耕机整地，可以为蔬菜的出苗和生长提供良好的条件。

d. 深松机

深松机主要用于打破犁底层，疏松土壤而不翻转土层。深松机的工作部件通常为凿形铲或双翼铲，能够深入土壤底层，疏松土壤深层，改善土壤的通气性和透水性，提高土壤的蓄水保墒能力，有助于保障蔬菜的正常生长。深松机分为全方位深松机和局部深松机。全方位深松机能够对整个耕地进行全面深松，作业效果好，但能耗较高；局部深松机则只对特定部位进行深松，能耗较低，适用于不同的土壤条件和农艺要求。

2）设施农业耕地机械种类

设施农业是一种高投入、高产出、高效益的集约化农业生产方式，包括日光温室、大棚和连栋温室等，耕地机械在设施蔬菜生产中发挥着重要作用。

a. 微型耕耘机（简称“微耕机”）

微耕机是设施农业中常用的耕地机械，由于设施大棚内空间有限，微耕机体积小巧、操作灵活，能够在狭窄的空间内进行作业，可以完成松土、除草、施肥等多种作业，满足设施蔬菜生产对土壤精细耕作的要求，能够有效地改善土壤的通气性和保水性，为蔬菜根系创造良好的生长环境。

b. 手扶旋耕机

手扶旋耕机通常尺寸较小，适合在设施大棚内狭窄的空间中作业，可对设施内的土壤进行浅层旋耕，使土壤细碎、平整，便于进行灌溉、施肥和播种等作业，满足设施蔬菜种植对土壤细碎和疏松的要求，为蔬菜的生长创造良好的根际环境。

选择合适的耕地机械，可以有效地改善土壤条件，提高蔬菜产量和质量，为蔬菜产业的发展提供有力的支持。在未来的蔬菜生产中，随着科技的不断进步，耕地机械也将不断创新和优化，从而更好地满足蔬菜生产的需求，推动蔬菜产业朝着高效、绿色、可持续的方向发展。

2. 翻转犁

天津佳禾农业机械有限公司生产的 JH1LF-540 型翻转犁（图 2-5），主要由悬挂架、液压系统、翻转机构、限深轮、犁梁及左右犁体等组成。液压系统是液压翻转犁的核心部分，由液压泵、液压缸、液压阀等组成，液压泵负责提供高压油液，液压缸通过接收液压油液实现犁体的翻转，液压阀控制液压油液的流向和压力。犁体由犁刀、犁板和犁架等部件组成，犁刀是犁体的主要工作部件，负责切割和翻耕土壤，犁板是连接犁刀和犁架的零件，起到固定和支撑犁刀的作用，犁架是犁体的主要支撑部件。

图 2-5　JH1LF-540 型翻转犁

JH1LF-540 型翻转犁主要技术参数如表 2-6 所示。

表 2-6　JH1LF-540 型翻转犁主要技术参数

项目	单位	设计值
结构形式	—	悬挂式
工作状态外形尺寸（长 × 宽 × 高）	mm	3 700 × 1 540 × 1 600
配套拖拉机标定功率	kW	95~160
翻转机构形式	—	全翻转式
犁体数量	个	2 × 5
犁体幅宽	mm	610
总工作幅宽	mm	3 050
犁体纵向距离	mm	110
限深轮调节范围	mm	0~200

JH1LF-540 型翻转犁与拖拉机配套使用，翻转犁的犁梁上安装两组左右对称的犁体，通过液压系统带动犁梁上的相对犁体作垂直翻转运动，交替更换到工作位置。在往返于田间的耕地作业过程中，两组相对犁体交替进行翻垡作业，犁耕过后的土垡会整齐地向同一侧覆盖，与普通单向犁相比，翻转犁有效避免了耕作过后出现沟和梗影响土地的平整度和后续作业的情况。

3. 旋耕机

天津市振兴机械制造有限公司生产的 1GKN-230 型旋耕机（图 2-6）具有结构紧凑、操作方便、碎土能力强等特点。其主要由机架、传动系统、刀轴、旋耕刀、罩壳等部分组成。机架作为整个旋耕机的支撑结构，承担着连接各部件和承受工作时的各种力的作用。传动系统通常包括齿轮箱、传动轴等，用于将拖拉机的动力传递到刀轴上，并实现不同的转速和扭矩输出。刀轴是安装旋耕刀的主要部件，旋耕刀是旋耕机的核心工作部件，其形状和排列方式经过精心设计，以达到良好的碎土和耕耘效果。罩壳用于防止土壤飞溅，保护操作人员安全，并对旋耕后的土壤起到一定的导向和整形作用。

图 2-6　1GKN-230 型旋耕机

1GKN-230 型旋耕机的主要技术参数如表 2-7 所示。

表 2-7　1GKN-230 型旋耕机主要技术参数

项目	单位	设计值
结构形式	—	框架型
整机外形尺寸（长 × 宽 × 高）	mm	1 100 × 2 530 × 1 120
作业速度范围	m/s	0.55~1.38
工作幅宽	cm	230
耕深	cm	12~14
刀轴形式	—	单轴型
传动形式	—	中间齿轮传动
刀辊设计转速	r/min	254（$n_{动}$=540）/296（$n_{动}$=720）
刀辊最大回转半径	mm	245

1GKN-230 型旋耕机通过三点悬挂与拖拉机连接。拖拉机的动力输出轴将动力传递给旋耕机的传动轴，再经过齿轮箱变速和增扭后，驱动刀轴高速旋转。安装在刀轴上的旋耕刀随着刀轴的转动，以一定的线速度切入土壤。旋耕刀的刀刃在旋转过程中对土壤进行切削、破碎和搅拌。土壤在受到旋耕刀的作用后，被打碎成细小的颗粒，并与底层土壤充分混合。同时，由于旋耕刀的旋转和罩壳的限制，土壤被抛向后方和两侧，实现了耕地的平整和土壤的疏松。在工作时，旋耕机的耕深可以通过调整拖拉机的液压悬挂系统来控制。另外，改变刀轴的转速和旋耕刀的入土角度，还可以调整土壤的破碎程度和耕作效果。

4. 深松机

1S-350（Cenius 3503）型深松机（见图 2-7）是阿玛松农业机械（天津）有限公司生产的一款深松设备，其主要由机架、深松铲、碎土镇压辊、调节装置等部分组成。深松铲是进行深松作业的关键部件，用于插入土壤并打破犁底层。碎土镇压辊用于破碎土壤并进行镇压，以达到平整土地的效果。

图 2-7　1S-350（Cenius 3503）型深松机

1S-350（Cenius 3503）型深松机主要技术参数如表 2-8 所示。

表 2-8　1S-350（Cenius 3503）型深松机主要技术参数

项目		单位	设计值
结构形式		—	悬挂式
整机外形尺寸（长 × 宽 × 高）		mm	4 250 × 3 500 × 1 600
配套动力范围		kW	120~180
作业速度		km/h	8~15
工作幅宽		cm	350
铲间距		cm	87/29
深松深度		cm	35
深松铲	结构形式	—	凿形铲
	排列方式	—	3 排
	数量	个	12

作业时，随着拖拉机的牵引，深松铲插入土壤中，其特殊的形状和结构能够有效地切开土壤，打破长期耕作形成的犁底层，增强土壤的透气性和透水性，深松铲深入土壤的过程，会使土壤松动，但不会过度翻转或搅拌土壤，从而尽量减少对土壤层次的破坏，保持土壤的原有结构。深松铲后面配备的碎土镇压辊一方面可以将深松后的较大土块破碎，使土壤更加细碎；另一方面对土壤进行适度镇压，使地表相对平整，有利于后续的播种、灌溉等作业。调节装置可以根据土壤条件和农艺要

求，灵活调整深松铲的入土深度、角度等参数，以达到最佳的深松效果。

5. 微耕机

微耕机适用于小块菜地、设施农业等狭小空间的耕作，能够满足不同地形和土壤条件下的作业需求。天津市兴盛机械有限公司生产的1WG5.7-85型微耕机（图2-8）主要由柴油发动机、机架、传动系统、扶手和操纵机构、行走轮、刀辊及防护装置等组成。传动系统主要包括离合器、变速箱、传动轴等部件，负责将发动机的动力传递到工作部件，并实现不同速度和扭矩的输出。扶手用于操作人员扶持和控制微耕机的方向，操纵机构包括油门控制、离合控制、挡位选择等，方便操作人员进行操作。刀辊由多把旋耕刀组成，用于切削、破碎和翻耕土壤。防护装置包括防护板、防护罩等，保护操作人员免受旋转部件和飞溅物的伤害。

图 2-8　1WG5.7-85 型微耕机

1WG5.7-85型微耕机的主要技术参数如表2-9所示。

表 2-9　1WG5.7-85 型微耕机主要技术参数

项目	单位	设计值
结构形式	—	后置式
整机外形尺寸（长 × 宽 × 高）	mm	1 650 × 850 × 1 040

续表

项目	单位	设计值
配套发动机标定功率	kW	5.7
配套发动机标定转速	r/min	3000
作业小时生产率	hm^2/（h·m）	0.07~0.15
工作幅宽	mm	850
扶把调整幅度（水平方向）	°	180
扶把调整幅度（垂直方向）	°	90
刀辊设计转速	r/min	慢挡 73，快挡 127
刀辊最大回转半径	mm	155
刀辊总安装刀数	—	32
旋耕刀形式	—	L 形
主离合器形式	—	摩擦片式

1WG5.7-85 型微耕机由柴油发动机提供动力，通过传动系统将动力传递到刀辊，带动旋耕刀工作。在作业过程中，旋耕刀切入土壤，刀刃对土壤进行切削和破碎，将土壤打散并使其变得松软，随着微耕机的前进，旋耕刀持续作用于土壤，实现耕地、松土、除草等作业。操作人员通过扶手控制微耕机的行进方向和作业深度，通过调整机器与地面的角度及耕刀的入土深度，来适应不同的土壤条件和耕作要求。

2.2.4　整地机械

整地机械在蔬菜生产过程中，能够改善土地条件，为蔬菜播种、生长创造良好土壤环境，提高土地利用率和蔬菜的产量与质量。整地机械的作用主要包括以下方面。一是破碎和平整土地。通过作业，将大块的土壤破碎成细小的颗粒，使土地表面更加平整，有利于种子均匀播种和幼苗的整齐生长。二是疏松土壤。增加土壤的孔隙度，提高土壤的通气性和透水性，促进土壤微生物的活动，从而改善土壤的物理性质，为作物根系的生长提供良好的条件。三是混合土壤。将肥料、农药等均匀地混入土壤，提高其利用率，同时也能将地表的杂草、残茬等与土壤混合，加速其分解。四是保墒蓄水。整地后的土壤能够更好地保持水分，减少水分的蒸发和流失，提高土壤的蓄水能力，为农作物的生长提供充足的水分。

1. 整地机械分类

根据作业性质的不同，整地机械主要分为以下几类。

1）耙类

耙是一种常见的整地机械，主要用于破碎土块、疏松表土、清除杂草和混合肥料等。常见的耙有驱动耙、圆盘耙、钉齿耙等。

驱动耙是一种动力驱动的整地机械，通过传动轴带动旋转，对土壤进行破碎、搅拌和疏松。驱动耙适用于耕后碎土和平整作业，能够有效地打碎土块，使土壤细碎均匀，为播种和移栽创造良好的条件。

圆盘耙由多个圆盘耙片组成，通过耙片的旋转和滚动来破碎土块和耙平土地。圆盘耙可用于耕前的灭茬、耕后的碎土和平整，以及破除板结等作业。对于杂草较多、土壤较硬的地块，圆盘耙能发挥较好的作用。

2）镇压器

镇压器用于压实土壤，减少土壤中的大孔隙，增加土壤的密度，使土壤保持适当的紧实度。镇压器有圆柱形、V 形和网纹形等多种形状。圆柱形镇压器结构简单，适用于一般的土壤压实作业。V 形镇压器对土壤的侧向压实作用较强，适用于播种后的镇压，能促进种子与土壤的紧密接触，利于种子发芽。网纹形镇压器则能在压实土壤的同时，减少对土壤表面的破坏。

3）起垄机

在蔬菜生产中，起垄机常用于种植需要起垄栽培的蔬菜，如红薯、马铃薯、大葱等。起垄栽培能够提高地温、排水防涝、增加土壤透气性，有利于蔬菜的生长和管理。起垄机可以根据需要调整垄的高度、宽度和形状。

4）覆膜机

覆膜机的作用是将塑料薄膜覆盖在整好的土地上，并进行压膜和覆土，以达到保温、保湿、保肥、防杂草的目的。在蔬菜生产中，覆膜机常用于早春和晚秋的蔬菜种植，能够提前或延后蔬菜的上市时间，提高蔬菜的产量和品质。

5）开沟机

开沟机由机架、开沟部件、传动装置等组成，开沟部件通常有刀盘、链条、螺旋等形式。开沟机能够在土地上开出一定深度和宽度的沟槽，用于蔬菜种植中的灌溉、排水和施肥等，在种植需要沟灌的蔬菜时，开沟机可以开出合适的灌溉沟。

6）联合整地机

联合整地机是集多种整地作业功能于一身的机械，能够一次性完成多项整地作业，提高作业效率。在大规模的蔬菜生产基地中，联合整地机能够快速高效地完成整地作业，节约人力和时间成本。

2. 驱动耙

驱动耙旨在提高整地效率和质量，为蔬菜的播种、移栽创造良好的土壤条件。天津库恩农业机械有限公司生产的 HRB302D 型驱动耙（图 2-9）主要由机架、传动系统、耙齿轴、耙齿、深度调节装置等组成。机架作为整个驱动耙的支撑结构，采用坚固的钢材焊接而成，以承受作业时的各种力和振动。传动系统包括传动轴、齿轮箱、链条或皮带等部件，其作用是将拖拉机的动力传递到耙齿轴，实现耙齿的旋转运动。耙齿轴是安装耙齿的主要部件，通常有多个，通过轴承安装在机架上，由传动系统带动旋转。耙齿是直接与土壤接触进行作业的部件，形状和排列方式经过精心设计，以实现良好的碎土和搅拌效果。深度调节装置用于调整驱动耙的作业深度。

图 2-9　HRB302D 型驱动耙

HRB302D 型驱动耙主要技术参数如表 2-10 所示。

表 2-10 HRB302D 型驱动耙主要技术参数

项目	单位	设计值
结构形式	—	水平旋转
工作状态外形尺寸（长 × 宽 × 高）	mm	1 600 × 3 100 × 1 200
工作幅宽	mm	3 000
耙齿间距	mm	290
耙组数量	组	10
耙齿数量	个	20
主轴转速	r/min	1 000

HRB302D 型驱动耙通过三点悬挂与拖拉机连接，拖拉机的动力经过传动轴、齿轮箱等部件的变速和扭矩传递，带动驱动耙齿轴高速旋转，由于耙齿的高速旋转运动和特殊的形状设计，有效地破碎土块、疏松土壤，并将土壤中的杂草、残茬等混合搅拌。在作业过程中，深度调节装置，可以根据土壤条件和作业要求，调整耙齿入土的深度，从而达到理想的整地效果。

3. 起垄铺膜机

2BQF-1 型起垄覆膜机（图 2-10）可一次性完成起垄和覆膜作业，提高作业效率，为蔬菜生长创造良好的条件。其主要由机架、起垄装置、覆膜装置、覆土装置、传动系统等构成。起垄装置是实现起垄功能的关键部件，包括犁铧、成型板等。覆膜装置实现覆膜功能的关键部件由膜卷支架、展膜辊、压膜轮等组成。覆土装置用以固定薄膜，防止薄膜被风吹起。传动系统由传动轴、链轮、链条等组成，将拖拉机的动力传递到起垄装置和覆膜装置，确保各部件协调运转。

在进行作业时，2BQF-1 型单垄起垄覆膜机通过三点悬挂装置与拖拉机相连，拖拉机提供动力并牵引机器前进。起垄装置率先作业，犁铧入土，将土壤切开并推向两侧，成型板随后将土壤堆积、整理成具有一定高度和宽度的垄形，完成起垄作业。随着机器的前进，覆膜装置启动，膜卷支架上的薄膜卷展开，展膜辊将薄膜均匀地铺在垄面上，压膜轮紧接着将薄膜的两侧压在垄的边缘，同时覆土装置将土壤推到薄膜边缘，将其压实固定，完成覆膜作业。在作业过程中，操作人员根据土壤条件、种植作物的要求及机具性能特点，合理调整作业参数，如起垄高度、覆膜紧度等，以达到最佳的作业效果。

图 2-10　2BQF-1 型起垄覆膜机

2BQF-1 型起垄覆膜机主要技术参数如表 2-11 所示。

表 2-11　2BQF-1 型起垄覆膜机主要技术参数

项目	单位	设计值
连接形式	—	悬挂式
配套动力	kW	14.7~58.8
工作状态外形尺寸（长 × 宽 × 高）	mm	1 940 × 1 500 × 880
起垄宽度	cm	20~70（可调）
起垄高度	cm	3~30（可调）
耙组数量	组	10
耙齿数量	个	20
主轴转速	r/min	1 000

4. 联合整地机

联合整地机的设计理念在于一次性完成耕地、耙地、镇压等多项土壤耕作工序，减少作业次数，降低对土壤的扰动，保护土壤结构和生态环境，同时提高作业效率和质量，为蔬菜的生长提供良好的土壤基础。天津市本色机械有限公司生产的

1ZS-320 型复式少免耕联合整地机（图 2-11）主要由机架、旋耕刀轴、耙片组、镇压轮等组成。旋耕刀轴上装有多个旋耕刀片，通过高速旋转对土壤进行切削和搅拌，打碎土块，实现初步的土壤疏松。

图 2-11　1ZS-320 型复式少免耕联合整地机

1ZS-320 型复式少免耕联合整地机主要技术参数如表 2-12 所示。

表 2-12　1ZS-320 型复式少免耕联合整地机主要技术参数

项目	单位	设计值
连接形式	—	悬挂式
配套动力	kW	147~180
工作状态外形尺寸（长 × 宽 × 高）	mm	3 600 × 3 430 × 1 500
整机配置形式	—	缺口耙 2 组、镇压辊 1 组、深松铲 11 个
耙片数	个	38
耙片直径	mm	450
耙片间距	mm	85
幅宽	mm	3 200
耙片偏角	°	18
深松深度	cm	30~35

1ZS-320 型复式少免耕联合整地机通过三点悬挂与拖拉机相连，拖拉机的动力输出轴将动力传递给联合整地机的各个工作部件。在作业过程中，旋耕刀轴高速旋

转带动旋耕刀片切入土壤并将土壤切碎、搅拌。随后，耙片组对经过旋耕的土壤进行再次处理，进一步细化和平整土壤表面。镇压轮在耕整后的土壤上滚动，对其进行适度压实，调整土壤的孔隙度和紧实度，减少水分蒸发和土壤疏松。

第 3 章　蔬菜种植机械化技术与装备

蔬菜产业是我国农业生产中十分重要的组成部分，其种植面积仅次于粮食作物。由于蔬菜种类多，各地气候条件和种植习惯各不相同，加之蔬菜生产是典型的精耕细作方式，因此其在机械化生产方面与粮食作物相比，还有很大的差距，我国的蔬菜生产机械化水平还处于比较低的水平。在蔬菜生产流程上，蔬菜的种植是其中一个十分重要的环节，如何有效提高蔬菜种植生产的机械化水平是当前蔬菜生产过程中备受关注的问题。本章主要介绍了蔬菜生产种植环节几项重要机械化技术及装备，包括蔬菜种子处理、穴盘育苗、种子直播、秧苗移栽等。

3.1　蔬菜种植机械化技术概述

3.1.1　蔬菜种植机械化技术现状

近年来，随着国内蔬菜种植生产机械化技术的发展和推广，蔬菜生产机械化的作业模式已经逐渐成为蔬菜种植和生产过程中非常重要的手段，机械化技术在农业生产的科技支撑作用越来越强，不仅能够提升蔬菜的产量和品质，而且还能够推动蔬菜生产向产业化、规模化发展。

目前，我国蔬菜产业机械化率比较低，典型露地蔬菜生产机械化水平不足40%，机械化已经成为该产业发展的瓶颈之一，在其生产各个环节机械装备的应用水平也不尽相同，不同种类的蔬菜其生产机械化水平也不一样，茄果类蔬菜生产的机械化水平普遍偏低，叶菜类和根茎类的蔬菜生产机械化水平较高。例如天津地区 2021 年数据，白菜播种机械化水平 35.84%，青萝卜播种机械化水平 17.63%，辣椒播种机械化水平 44.69%。种植机械有穴盘育苗播种机、蔬菜种子精播机（牵引和自走式）、蔬菜移栽机（半自动和全自动）等，例如 2BP-500 滚筒式播种机、RXF-10E 牵引式气吸白菜精量播种机、2ZS-1（VP100B）全自动大葱钵苗移栽机等。

3.1.2　蔬菜种植机械化技术要求

依据蔬菜种植条件，蔬菜可以分为保护地蔬菜和露地蔬菜，主要品种包括：白菜、甘蓝、萝卜、胡萝卜、松花菜、洋葱、辣椒、加工辣椒、菜豆、南瓜、籽用南瓜、菇娘、西瓜、马铃薯、鲜食玉米、菜用大豆（毛豆）等。

本节对设施育苗、设施蔬菜种植和露地蔬菜种植的基本条件总结了通用性要求。

1. 设施育苗生产的技术要求

（1）硬件要求。设施育苗应在具备采光、调温、采暖、通风、气象监测、喷灌、电源、设备出入等条件的大中型温室及日光棚室内进行。

（2）育苗土壤要求。无农药残留、经过消毒及虫卵处理的露地表层土壤，或按照农艺生产要求配置的营养基质土。

（3）育苗设备要求。温室或棚室内应有专业动力装备、耕整地设备、地膜覆盖（及回收）设备、育苗营养基质土处理设备、有机肥及化肥施用设备、蔬菜（穴盘）钵盘播种及苗床精密直播设备、活动苗床、喷淋系统、气象监测系统、大棚卷帘及遮阳装备、除雪设备、运输设备等。

2. 设施蔬菜种植的技术要求

（1）设施建设要求。具备采光、保温、增温、通风、气象监测、喷灌、电源、设备出入等条件的大中型连栋温室及日光温室。

（2）土壤环境要求。种植区域内应土壤肥沃，无农药残留、避免重茬等。

（3）温度要求。当 10 cm 地表温度达到 12 ℃以上、环境温度在 10 ℃以上时，可进行蔬菜育苗或栽培作业。

3. 露地蔬菜种植的技术要求

（1）土壤地况。耕地须平坦，表面无杂物。地表残留秸秆量较多的地块须采取秸秆离田措施，前茬种植作物为玉米的地块的秸秆必须清理离田。

（2）灌排要求。耕地须具备必要的灌溉基础设施，干旱和易涝地区蔬菜地均应具备水源、电源、灌溉设施、排涝设备和沟渠等种植条件。

（3）温度要求。当 10 cm 地表温度稳定在 10 ℃以上，最低气温在 10 ℃以上时，可开展露地栽培作业。

3.1.3　蔬菜直播和移栽农艺要求

蔬菜种植机械化技术按照农艺环节划分主要包括种子处理、育苗、播种、移栽等。每个环节不同作物农艺要求各不相同，本节主要列举了蔬菜直播和蔬菜移栽的农艺要求，结合实际生产具体农艺，具体参数可以参照表 3-1 和表 3-2。

表 3-1　露地蔬菜直播参数表

<table>
<tr><th>序号</th><th>品种</th><th colspan="2">株距/cm</th><th>垄距/cm</th><th>备　注</th></tr>
<tr><td rowspan="2">1</td><td rowspan="2">白菜</td><td>春茬</td><td>30~35</td><td rowspan="2">65</td><td>3 000~3 300 株/亩</td></tr>
<tr><td>秋茬</td><td>35~45</td><td>2 800~3 000 株/亩</td></tr>
<tr><td>2</td><td>胡萝卜</td><td colspan="2">8~10</td><td>65</td><td>垄上双行行距 10 cm，播深 1.0~1.5 cm</td></tr>
<tr><td>3</td><td>萝卜</td><td colspan="2">28~33</td><td>60~65</td><td>3 000~3 500 株/亩</td></tr>
<tr><td rowspan="2">4</td><td rowspan="2">菜豆</td><td colspan="2">40</td><td>70</td><td>每穴 3 粒留 2 株，8：2 空</td></tr>
<tr><td colspan="2">40</td><td>120</td><td>垄上双行行距 40 cm</td></tr>
<tr><td rowspan="2">5</td><td rowspan="2">籽用南瓜</td><td>短蔓</td><td>50</td><td>70</td><td>1 860~2 000 株/亩</td></tr>
<tr><td>长蔓</td><td>40~45</td><td>70</td><td>2：2 空</td></tr>
<tr><td>6</td><td>菇娘</td><td colspan="2">80</td><td>60</td><td>2：1 空</td></tr>
<tr><td>7</td><td>马铃薯</td><td colspan="2">16~20</td><td>90</td><td>播深 10~15 cm</td></tr>
<tr><td>8</td><td>鲜食玉米</td><td colspan="2">20~22</td><td>65~110</td><td>播深 2~3 cm</td></tr>
</table>

续表

序号	品种	株距/cm	垄距/cm	备　注
9	毛豆	10~15	65~70	垄上双行行距 12 cm 18~20 万株/垧

表 3-2　露地蔬菜移栽参数表

序号	品种	移栽机行数	定植株距/cm	定植深度/cm	垄距/cm
1	白菜	2~4	30~40	5~10	65
2	甘蓝	2~4	30~50	5~10	50~60
3	松花菜	2~4	35~40	5~10	65
4	辣椒、加工辣椒	2~4	30~35	5~10	110
5	洋葱	2~9	15~20	4	120~170
6	南瓜	2~4	30~40	5~10	70 cm，1∶1 空
7	籽用南瓜	2~4	30~40	5~10	70 cm，2∶2 空
8	菇娘	2~4	30~40	5~10	60 cm，2∶1 空
9	西瓜	2~4	30~40	5~10	60 cm，1∶2 空

3.2　蔬菜播种机械

3.2.1　种子处理技术及设备

什么是种子处理？作物播种前，根据农艺和机械播种的要求，采用生物学、化学、物理学和机械的方法处理种子。播种经过处理的种子，能提高种子的发芽率和出苗率，促进幼苗生长，减少作物病虫害，为作物高产稳产创造条件。

常用的种子处理设备包括种子包衣机、种子表面处理机械、种子丸粒化机械等，以及用 γ 射线、高频电流、红外线、紫外线、超声波等物理方法处理种子的设备。广义的种子处理设备还包括种子清选机械和种子干燥设备。

1. 种子包衣机

种子包衣技术是在传统浸种、拌种技术的基础上发展起来的一项种子加工技术，以精选种子为载体，采用机械在种子外层均匀包裹一层种衣剂。种衣剂包括杀虫剂、杀菌剂、微肥、植物生长调节剂、着色剂、成膜剂、稳定剂等材料。种子包衣机使种子处理更加方便、安全、有效。种子包衣机质量必然影响包衣种子的生长发育，随着包衣工艺的不断提高，包衣机械的包衣质量和自动化水平也得到不断提升。

一般种子包衣机的工作原理为：旋转定量喂入机构连续给料，同时药量流量控制机构也连续定量给药，通过雾化的方式，形成超细的雾滴，均匀包裹在种子的表面，药种比通过智能设定达到准确可靠。

例如：石家庄三立谷物机械股份有限公司生产的 5BYX-5 型种子包衣机（图 3-1），采用高速离心甩盘雾化技术，滚筒式搅拌，破碎率低，适用于对各种谷物种子进行包衣，如小麦、玉米、水稻、棉花、花生、豆类种子等。

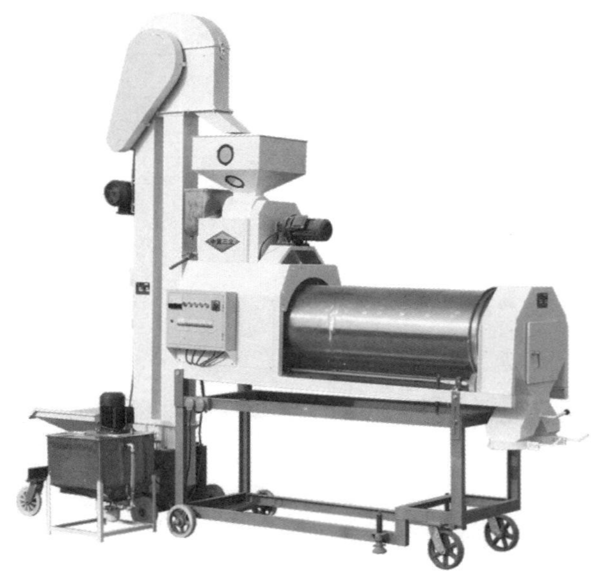

图 3-1　5BYX-5 型种子包衣机

2. 种子表面处理机

蔬菜品种繁多，其种子大小、形状、特性也是各不相同，因此种子表面处理设备也相应采用不同原理而设计。用剥绒机或硫酸清洗设备脱去棉籽表面的短绒，其中泡沫酸洗设备的处理效果较好，脱绒净度高，对棉籽的伤害少。苜蓿、草木樨等外皮坚硬、厚实的种子常用气喷装置擦过硬磨面，或用碾米机等设备轻微擦伤种皮，使种子在播后能较快地吸收水分，加速种子发芽；用红外线或射频电流处理的效果更好，其既能分解硬壳中的马氏层，又不损伤种子胚芽。经冷等离子体种子处理机处理的种子具有当代增产效应，具体表现为种子的活力、抗逆性、抗病害能力等的增强，从而农作物的产量和品质得到提高。（图 3-2）

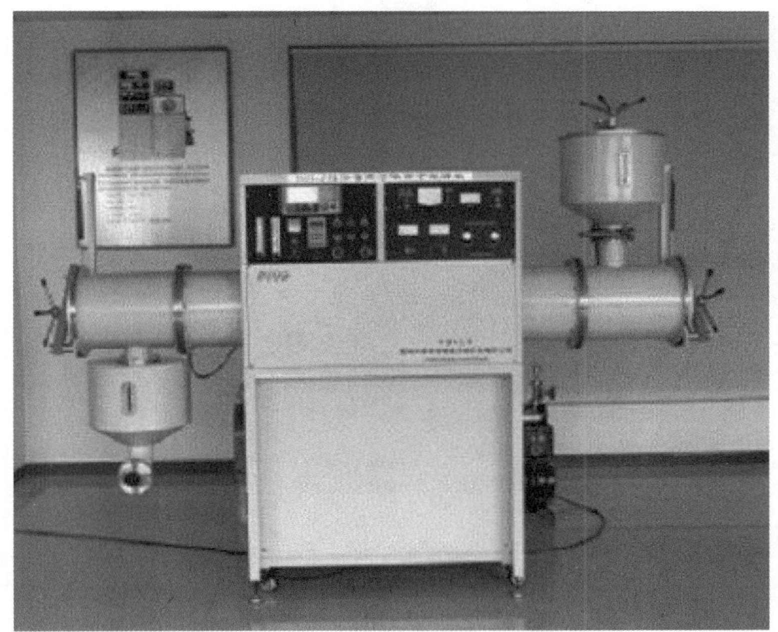

图 3-2　ZYHD-2N 冷等离子体种子处理机

3. 种子丸粒化机

种子丸粒化是指利用黏着剂将杀菌剂、杀虫剂、微肥、黏合剂、崩解剂、着色剂、填充剂、吸水性材料等非种子物质黏着在种子的外面，使种子成为一个个表面光滑的、形状大小一致的球形颗粒，使其粒径变大，质量增加。其目的是有利于播种机械作业，节省种子用量，能够起到齐苗壮苗的作用。目前，蔬菜种子丸粒化的品种包括生菜、白菜、韭菜、芹菜、萝卜、胡萝卜、洋葱、番茄、辣椒、茄子等。

青岛润华农业科技有限公司生产的 RH-500 型种子丸粒机（图 3-3），自动化程度较高，主要用于蔬菜、中草药、粮油、花卉、牧草、飞播等种子丸粒化。丸粒化合格率 99%，丸粒化单籽率 99%。

种子丸粒化与种子包衣在工艺上有相似之处，两者之间主要区别在于前者使种子变成规则的球形，体积和质量都变大，后者基本不改变种子的形状。

图 3-3　RH-500 型种子丸粒机

3.2.2　蔬菜穴盘育苗播种技术及设备

1. 蔬菜穴盘育苗播种技术

蔬菜穴盘育苗技术是一种以草炭、蛭石、珍珠岩等材料为基质，以不同规格孔穴的穴盘为容器，用精量穴盘育苗播种生产线自动完成填装基质、播种、覆土、镇压、浇水等环节，然后在催芽室和温室等设施内进行环境调控和培育，一次成苗的现代化育苗体系。播种时一穴一粒或按农艺要求一穴多粒，根系与基质紧密缠绕，根坨呈上大下小的塞子形。

穴盘按照材质可分为聚苯泡沫穴盘和塑料穴盘。塑料穴盘相对来说具有轻便、节省面积的特点，因此在实际农业生产过程中其应用更为广泛。其主要规格有 50、72、128、200、288、400、512 个育苗穴的穴盘。一般瓜类，例如南瓜、西瓜、冬瓜、甜瓜多采用 50 穴；黄瓜多采用 72 穴；茄科类蔬菜，譬如番茄、辣椒多采用 128 穴或 200 穴；叶菜类蔬菜，像青花菜、甘蓝、生菜、芹菜可采用 200 穴或 288 穴。

育苗基质主要采用草炭、蛭石、珍珠岩，草炭透气性好、持水性强，有机质含量高，具有较强的离子吸附性能；蛭石的持水性非常好，可以起到保水作用，但透气性差，不利于根系的生长；珍珠岩吸水性差，主要起透气作用，三种物质通过适当的配比可以达到最佳的育苗效果。一般的配比可采用草炭：蛭石：珍珠岩 =3：1：1。实际配比可以根据气候特点适当改变珍珠岩或蛭石的比例。基质的主要性能可以参考表 3-3。

表 3-3　不同育苗基质的特性

特性	蛭石	珍珠岩	东北草碳	加拿大草碳	玉米芯	锯木屑	蘑菇废料	棉籽壳
密度（kg/m^3）	170	110	400	124	365	159	618	106
选用规格（mm）	1~3.5	3~5	1~2	1~2	—	—	—	—
持水率（%）	420~476	<100	450	>800	272	362	185	285
透气性	一般	很好	好	好	好	较好	较好	很好

2. 蔬菜穴盘育苗播种机械设备

蔬菜穴盘育苗播种机械按照工作原理可以分为槽轮式、型孔轮式、气吸式等，其中气吸式播种精度较高，而且不易伤种。蔬菜穴盘育苗播种机械设备按照自动化程度可以分为半自动和全自动两种。

（1）半自动穴盘育苗播种机是指在整个育苗流程播种环节实现了机械化作业，同时需要人工辅助操作的机械设备。典型的有南京农业机械化研究所研制的半机械化气吸式穴盘育苗精量播种机（图 3-4），其具有结构简单、性能稳定、造价低、工作效率高的优点。这类设备更适用于种植面积小、作业地块小的设施蔬菜种植户。

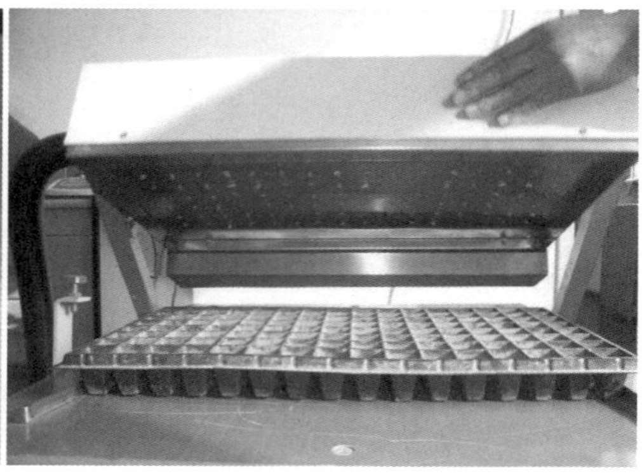

图 3-4　半机械式气吸穴盘育苗精量播种机

（2）全自动穴盘育苗播种机是指一次性完成基质填充、刷平、压穴、播种、覆料、浇水等工序的生产线。它可以实现精准播种，具有播种效率高的特点，一般作业效率都在 500 盘/ h 以上，可根据不同穴盘规格更换模具，适应不同作物的育苗播种作业。

播种一般分为针式播种、滚筒式播种、盘式播种三种形式。三种形式各有特点。

（1）针式播种。机械在工作时利用一排吸嘴从振动盘上吸附种子，当育苗盘到达播种机下面时，吸嘴将种子释放，种子经下落管和接收杯后落在育苗盘上进行播种，然后吸嘴自动重复上述动作进行连续播种。其使用范围最广，小种大种均可使用，播种单粒率很高，其一般带有自清洗式吸嘴。

（2）滚筒式播种。机械在工作时利用带有多排吸孔的滚筒，先在滚筒内形成真空吸附种子，当滚筒转动到育苗盘上方时在滚筒内形成低压气流释放种子进行播种，接着在滚筒内形成高压气流冲洗吸孔，然后在滚筒内重新形成真空吸附种子，进入下一循环的播种。滚筒式播种适用于大中型育苗场的高效率精密播种机。

（3）盘式播种。机械利用带有吸孔的盘播种，先在盘内形成真空吸附种子，再将盘整体转动到穴盘上方并在盘内形成正压气流释放种子进行播种，然后盘回到吸种位置重新形成真空吸附种子进入下一循环的播种。播种方式为间歇步进式整盘播种，播种速度较快。但是，特殊种子和过大、过小种子的播种精度不高；不同规格的穴盘或种子需要配置附加播种盘、冲穴盘，费用较高，少量播种无法进行。前文提到的南京农业机械化研究所研制的半机械化气吸式穴盘育苗精量播种机属于此类。

这里列举几种典型的育苗播种生产线。

常州市风雷精密机械有限公司生产的水稻精量育秧生产线（图 3-5）采用的是针式吸嘴，能够实现一次性装底土—播种—覆土—洒水等工序，达到精准播种，播种率>95%，气吸式整盘播种，带吹气功能防止堵针头，触摸屏智能操作，播种效率 800 盘/ h（图 3-6）。

图 3-5　水稻精量育秧生产线

图 3-6　水稻精量育秧生产线吸种效果

杭州塞得林智能装备有限公司生产的 2BPC-500 型滚筒式播种机（图 3-7），采用气吸式滚筒播种方式，从基质装盘、压穴、播种、覆土到喷淋，全机采用光电体控制、无盘检测等创新技术，实现了蔬菜播种育苗的自动化流水生产。播种滚筒能够快速拔插，满足不同作物的育苗播种要求，圆形种子或种子经过丸粒化后播种精度可达 99%，播种速度达到 500 盘/ h。

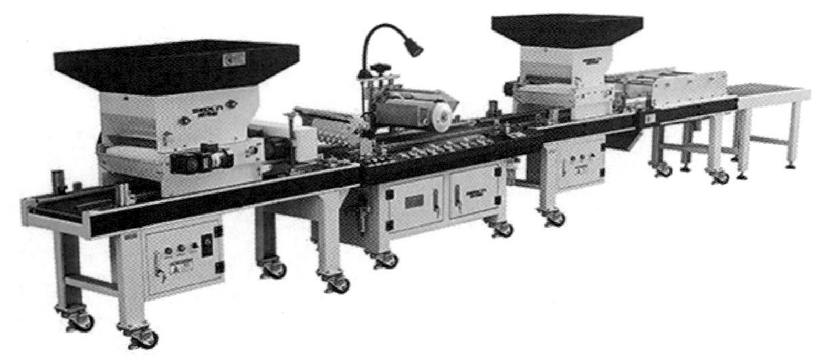

图 3-7　2BPC-500 型滚筒式播种机

常州亚美柯机械设备有限公司生产的 2BP-300 型蔬菜钵苗播种机（图 3-8）是典型的机械式定量精准育苗播种机。即通过特制的播种滚轮，实现每穴 1~3 粒的定量精准播种；设置的振动装置，实现均匀进土和覆土，一次设定 20 张秧盘可连续自动输出。采用球径 3.5~4.5 mm 包衣种子时，其可实现每穴 3 粒的定量播种；选用球径 2.5~3.5 mm 包衣种子时，其可实现每穴 1 粒的定量播种。

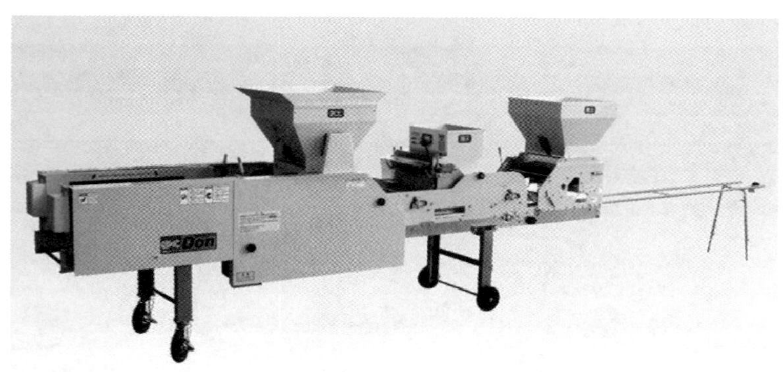

图 3-8　2BP-300 型蔬菜钵苗播种机

3.2.3　蔬菜直播机械化技术及设备

1. 蔬菜直播机械化技术

蔬菜直播机械化技术是指通过蔬菜种子播种机直接在整理好的地块进行精量或者半精量播种的作业方式。国外农业发达国家蔬菜播种机发展起步较早、发展快、水平较高，其蔬菜播种作业环节基本实现了机械化，发展基本上是专业化、成套化、系列化，作业方式也趋于播种机与耕整地机械或施肥机械联合作业，主要以精量播种为主，作业性能良好、作业稳定性高。主要代表公司有日本矢崎公司、美国 Monosem 公司、德国哈西亚公司、意大利 Ortomer 公司等。

我国蔬菜播种机械化技术起步较晚，但是近几年发展速度却很快，生产蔬菜播种机的企业也比较多，如中机美诺、华弘机械、青岛大顺等，其生产的机械基本上满足了叶菜类、茎块类蔬菜，例如胡萝卜、洋葱、油菜、菠菜等的播种作业需求。这在一定程度上弥补了我国蔬菜生产机械化的短板，在播种环节大大提高了作业效率，减轻了农民的劳动强度。目前，现有蔬菜播种机大多数只实现了播种这一单项作业，整地、起垄、播种、施肥、施药等功能多为分段作业。随着生产作业的需求和技术能力的提升，有的企业逐步向联合作业转型，例如青岛大顺精锋农业机械有限公司生产的气吸式精量播种机可以实现开沟起垄精播一体化作业，山东玛丽亚机械有限公司研究了大蒜精准高效播种施药一体机。

2. 蔬菜种子直播机械设备

蔬菜直播技术中，精量排种是关键，排种器是精量排种的核心部件。由于蔬菜种类品种较多，蔬菜种子的大小形状也多种多样，实际应用过程中，需要根据不同蔬菜品种、蔬菜种子大小更换排种器，以满足不同的农艺要求。

1）按照动力划分

蔬菜直播机械按照动力可分为人力推动式、燃油动力式和电动式三类。

人力推动式直播机一般整机结构轻巧，整体结构尺寸较小，操作简单，易于调头，适用于作业距离较短的小地块或山地丘陵。有单行、双行及多行之分，播种行数通常在 1~7 行，行距可调，排种器的形式多为槽轮或窝眼轮。其通过地轮链接链条驱动，通常用于播种小粒径蔬菜，例如萝卜、白菜、菠菜等的播种作业。代表机型如日本矢崎 SYV 系列（图 3-9）。

图 3-9　SYV-2 型蔬菜直播机

燃油动力直播机分为自走助力式和悬挂牵引式。自走助力式蔬菜直播机一般配备小动力（约 3 kW）汽油机或柴油机，整体尺寸较小，需人工辅助控制行走方向，操作比较灵活，适合小地块或棚室内作业。多采用齿轮传动，通过调节齿轮传动比，满足不同的播种需求，株距调节适用范围为 20~500 mm，行距调节范围为 80~150 mm，作业效率一般都在 4 亩/h 以上。本节列举两款燃油型自走助力式蔬菜直播机。

青岛大顺精锋农业机械有限公司生产的 2BSG-6 气吸蔬菜播种机（图 3-10）可以实现菠菜、白菜、娃娃菜、芹菜等蔬菜种子的精量播种，能有做到定量播种，精度达到一穴一粒或一穴多粒，行距为 85 mm、95 mm、115 mm、135 mm、150 mm，株距范围为 20~500 mm。

上海康博实业有限公司经销的韩国璟田 2BS 系列小粒种子精密播种机（图 3-11），采用 2.94 kW 的汽油机为动力，播种行数为 8 行/10 行/13 行，行距 90~1 100 mm，株距 25~510 mm，主要适于设施蔬菜生产基地使用。播种作业时，精度可达到一穴一粒，也可一穴多粒，大大节约人工和种子，提高生产效率，作业效率为 3~5 亩/ h。

图 3-10　2BSG-6 气吸蔬菜播种机

图 3-11　璟田 2BS 系列小粒种子精密播种机

悬挂牵引式蔬菜直播机一般直接挂接在拖拉机或旋耕起垄或施肥机后作业，配套动力一般在 60 马力以上，株距调节范围一般在 30~500 mm，作业行数一般在 4~8 行，与自走助力式蔬菜直播机相比，其整体尺寸大，行距大，适合大地块大面积的蔬菜播种作业，作业效率非常高，极大地节省劳动力。例如青岛大顺精锋农业机械有限公司生产的 1BSQ-8 气吸式蔬菜药材播种机（图 3-12）可以播种娃娃菜、萝卜、白菜、菠菜、香菜、菜心等蔬菜，苍术、白术、黄芩、黄芪、防风、牛膝、牛蒡、白芷等药材，配套动力为 130~160 马力拖拉机，作业行数为 8 行，行距为 220/300 mm，株距调节范围为 30~500 mm。

图 3-12　1BSQ-8 气吸式蔬菜药材播种机

电动式蔬菜直播机一般以电池为动力源驱动播种机构进行作业，也是自走助力式播种机的一种，作业性能和特点与燃油助力自走式播种机基本相同，其直播方式多为槽轮交换式，点播间隔多为链齿轮交换式，最大工作效率一般在 4 亩/ h 左右，但是由于电池技术的限制，其工作时续航时间较短，约为 4~6 h。例如上海矢崎机械贸易有限公司销售的 SYV-M600 W 电动蔬菜精播机（图 3-13）前轮为 100 W 电动马达驱动，作业行数为 11，行距为 40 mm，播种方式采用槽轮交换式，通过 11 级链齿轮调节。

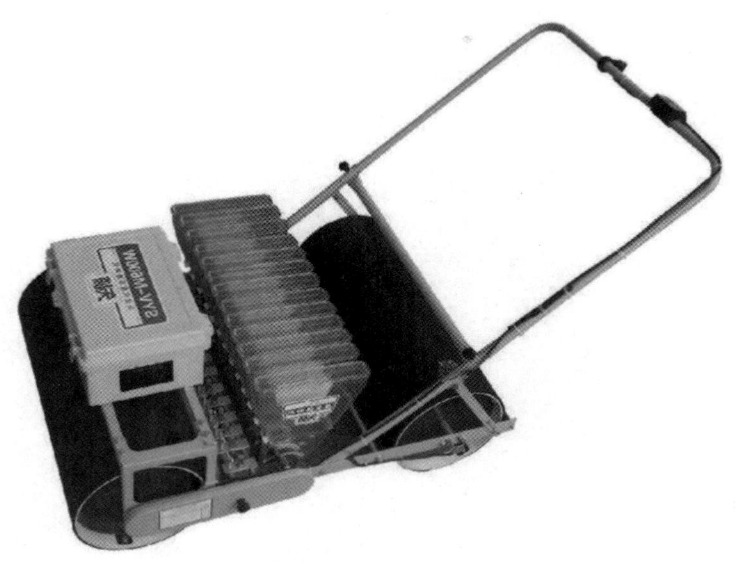

图 3-13　SYV-M600 W 电动蔬菜精播机

2）按照排种原理划分

蔬菜直播机按照排种原理还可以分为：机械式、气力式和种子带式。

机械式蔬菜直播机多采用槽轮式排种器（图 3-14）或窝眼轮式排种器（图 3-15），人力推动式直播机和电动直播机均采用此类排种形式。

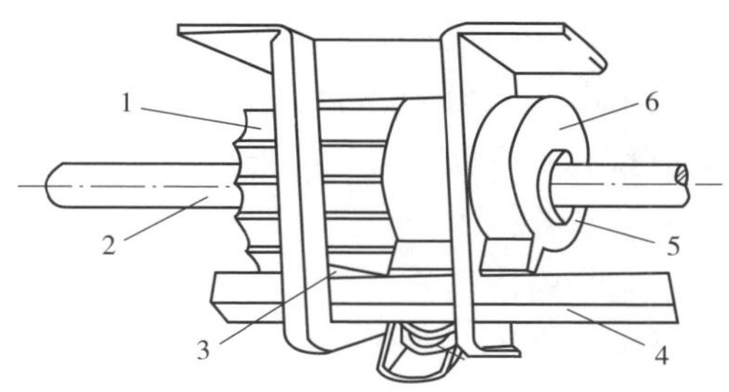

图 3-14　槽轮排种器

1—槽轮；2—排种轴；3—排种舌；4—清种轴；5—挡圈；6—阻塞轮

图 3-15　矢崎直播机窝眼式排种轮

气力式蔬菜直播机是利用空气动力学原理进行种子播种，且气力式容易实现精量高速播种，尤其是针对形状规则种子或者丸粒化之后的种子播种效果更好，主要分为气吸式、气压式和气吹式。

气吸式蔬菜直播机利用负压吸种，完成种子与种群的分离、输种，在排种区切断负压，依靠种子自身重量或刮种装置对种子进行排种；气压式蔬菜直播机利用正压将种子压在排种滚筒的窝眼上，滚筒转动到排种区，正压气流截断，种子在自身重力作用下离开窝眼完成排种；气吹式蔬菜直播机与窝眼轮式播种机排种原理相似，不同之处是利用气流把多余的种子清除掉。例如美国满胜公司生产的 MONOSEM 气吸式播种机、意大利马斯奇奥公司生产的 ORIETTA 型气吸式播种机、青岛大顺精锋农业机械有限公司生产的 2BSH-2 气吸精量播种机（图 3-16）和 2BSQ-4 气吸播种机（图 3-17）。气压式播种机例如美国奥利斯查默斯公司生产的 ALLIS-CHALMERS 气压式充种播种机，气吹式则如德国贝壳公司生产的 Aeromat Ⅱ 气吹式播种机等。

图 3-16　2BSH-2 气吸精量播种机

图 3-17　2BSQ-4 气吸播种机

种子带播种技术是指将种子按照适宜的株距要求用种子带编织机编织在纸带内，纸带随着种子带播种机播种轮的转动埋入土壤，纸带遇水降解后种子与土壤接触生长。目前此项技术已在国内蔬菜种植上开始大面积使用，像天津地区广泛应用于青萝卜的精准播种作业，取得非常好的效果。该技术优势在于十分容易实现定量定距播种作业，效率比较高，但要额外配备相应的纸带编织机械，生产成本有所增加。相关企业设备如青岛大顺精锋农业机械有限公司生产的 DS-3S 精量播种机（图 3-18）可以实现开沟、播种、铺滴灌带、覆土、镇压一次完成，播种速度可达 8.3 km/h，一天可播种 30 亩左右。

图 3-18　DS-3S 精量播种机

除了以上形式外，这里再介绍一种适合于茎块类作物的形式——勺式排种。勺式排种多应用于大蒜、马铃薯、生姜等作物的播种作业，由于茎块类种子尺寸大，便于取种，勺式排种器通常安装在转筒或取种链上，进行逐个连续舀式取种，将种子运送至投种口投放。韩国 HADA 公司生产的大蒜播种机、山东玛丽亚农业机械股份有限公司生产的 2BSZZ-5 型大蒜精准播种机（图 3-19）和 2BSXZ-7 型大蒜精准播种机（图 3-20）均采用勺式排种方式。

图 3-19　2BSZZ-5 型大蒜精准播种机

图 3-20　2BSXZ-7 型大蒜精准播种机

3.3 蔬菜移栽机械化技术及设备

3.3.1 蔬菜移栽机械化技术

蔬菜移栽是指将蔬菜秧苗从育苗床或者育苗盘内移植到适合继续生长的耕地的过程。蔬菜移栽有助于促进蔬菜提前上市，提升复种指数，便于苗期统一管理，而且有效抵抗病虫害，提升标准化生产水平。在我国北方蔬菜生产中，番茄、辣椒、茄子、黄瓜、甘蓝、西兰花等主要采用育苗移栽的种植方法。蔬菜移栽机一般是指按照农艺生产要求，通过调节株距、行距、移植深度等参数，进行蔬菜移栽的农业机械设备。

国外农业发达国家针对蔬菜移栽的研究起步较早，技术水平、自动化程度比较高，尤其是半自动化蔬菜移栽机已经基本成熟，有些在国内得到了广泛应用。例如：意大利 FERRARI 公司生产的 F-MAX 系列移栽机、日本井关 PVHR2 系列移栽机、日本久保田 2ZS 蔬菜（烟草）移栽机等，而且全自动移栽机在国外也得到了飞速发展。

国内蔬菜移栽机械的研发起步较晚，但随着农业产业结构的调整和农业劳动力的紧缺，国内也出现了较多的蔬菜移栽机生产企业，发展比较迅猛，生产的蔬菜移栽机类型很多，并在全国蔬菜产业中得到了应用，技术水平也在不断提升。常见的有导苗管式移栽机、吊杯式移栽机、钳夹式移栽机等，而且相关院校和企业已经研发出了全自动式蔬菜移栽机。

3.3.2 蔬菜移栽机械化设备

1. 按照栽植器形式划分

蔬菜移栽机械化设备按照栽植器形式划分，可分为钳夹式移栽机、导苗管式移栽机、挠性盘式移栽机和吊杯式移栽机。

1）吊杯式移栽机

吊杯式移栽机主要适用于穴盘钵苗移栽作业，由偏心圆环、喂入爪、喂入盘、吊杯、导轨等工作部件组成。吊杯式移栽机能够在铺有地膜的种植条件下进行移栽作业，其作业过程主要是移栽作业时，随着移栽机的前进，人工或投苗盘将秧苗依次投放入吊杯中，在偏心圆盘的带动下转动，利用吊杯下部的鸭嘴设计将地膜打开或在土壤上打穴，同时吊杯打开，秧苗自然掉落至移栽穴孔内，覆土轮镇压，完成整个移栽作业（图 3-21）。它适合于钵体尺寸较大的钵苗移栽，其优点是钵苗在移栽过程中不受任何冲击，特别适合根系不太发达且易碎的钵苗；缺点是结构相对复杂，喂苗速度不能过快，否则漏栽率会增加，生产率不高。

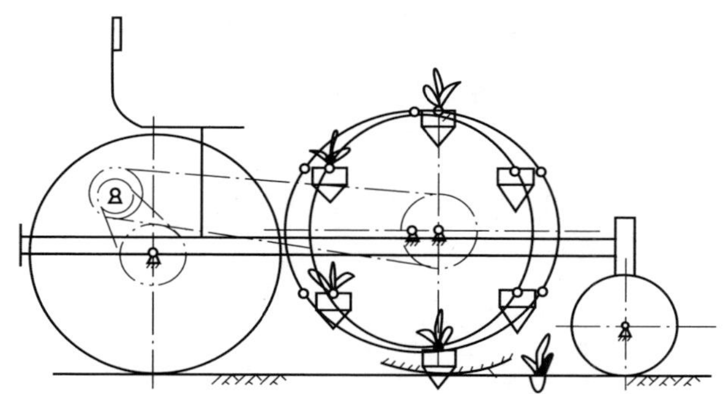

图 3-21　吊杯式移栽机工作原理

东风井关农业机械有限公司生产的 PVHR2 移植机（图 3-22）是典型的吊杯式移栽机，其移栽行数 2 行，行距调节范围：30~40 cm，40~50 cm，株距调节范围：30 cm、32 cm、35 cm、40 cm、43 cm、48 cm、50 cm、54 cm、60 cm，作业效率 3 600 株/ h 左右。其最大的特点：一是具有左右平衡装置，即使在左右不平的田块里也可以保持最佳的移栽姿势；二是机体具有自动升降功能，通过机体升降传感器，适用垄的凹凸自动升降机体实现仿形，达到移栽深度一致。

2）钳夹式蔬菜移栽机

钳夹式蔬菜移栽机包括圆盘夹式和链夹式两种。

圆盘夹式蔬菜移栽机由钳夹、栽植盘、横向输送链、机架、开沟器、覆土镇压轮等零部件组成。工作时，栽植人员将秧苗放在转动的钳夹上，随着栽植盘的转动，当到达苗沟位置时，钳夹在滑道开关控制下打开，秧苗在自身重力作用下落入苗沟，然后机械覆土镇压，完成移栽（图 3-23）。

图 3-22　PVHR2 移植机

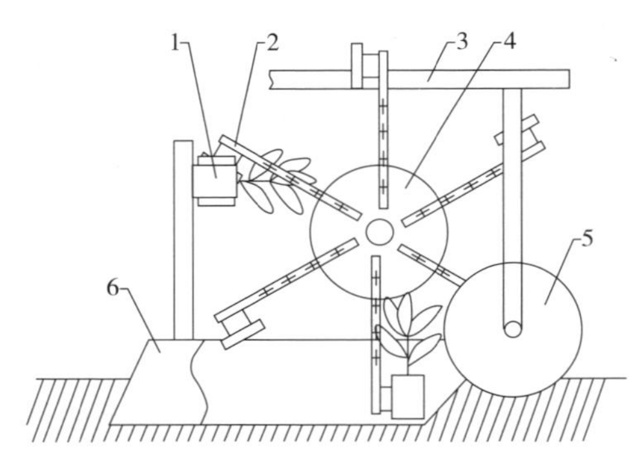

图 3-23　圆盘夹式蔬菜移栽机原理图

1—横向输送链；2—钳夹；3—机架；4—栽植盘；5—覆土镇压轮；6—开沟器

链夹式蔬菜移栽机由钳夹、移栽环形链、开沟器、镇压轮、传动链、地轮、滑道等零部件组成。工作时，秧夹在链条带动下运动，栽植人员将秧苗放入张开的秧夹上，秧苗随秧夹由上往下平移进入滑道，借助滑道的作用迫使秧夹夹紧秧苗，同时秧苗的运动变为回转运动。秧夹转动到与地面垂直时脱离滑道的控制而自动打开，秧苗则脱离秧夹垂直落入已开好的沟中。在秧苗接触沟底时，由镇压覆土轮覆土并压实，秧苗移栽完成（图 3-24）。

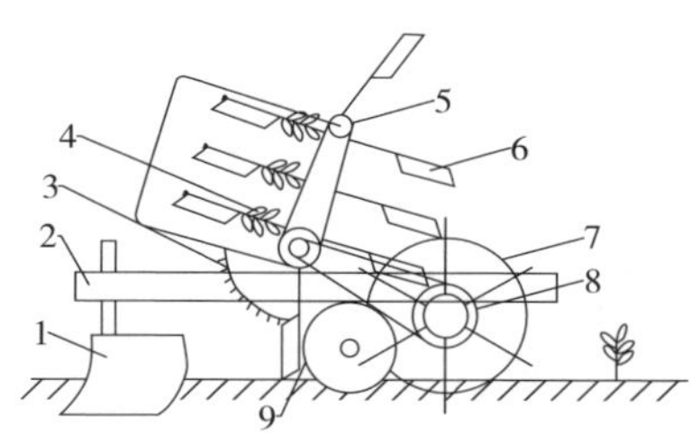

图 3-24　链夹式蔬菜移栽机

1—开沟器；2—机架；3—滑道；4—秧苗；5—移栽环形链
6—钳夹；7—地轮；8—传动链；9—镇压轮

这类机械特点是株距准确，栽植后秧苗的直立度较好，栽植速率一般为 30~40 株/min；缺点是栽植速度偏高时易出现漏栽现象，秧夹有时易伤秧苗。

南通富来威农业装备有限公司生产的 2ZL-2 型甘薯移栽机（图 3-25）属于典型的钳夹式蔬菜移栽机，它要配套 20~50 马力拖拉机，行距 50~100 cm 可调，株距 19~80 cm 12 挡可调。

图 3-25　2ZL-2 型甘薯移栽机

3）导苗管式移栽机

导苗管式移栽机有一个垂直或倾斜地将钵苗送入开沟器的导苗管，由喂苗机构间歇向导苗管投苗，工作时，由栽植人员或机械将秧苗投至喂入器的喂入筒内，当喂苗嘴转动至导苗管喂入口时，喂苗嘴张开，秧苗在苗管内做自由落体运动，进入开沟器开出的苗沟内，然后移栽机进行覆土、镇压，完成移栽过程（图 3-26）。

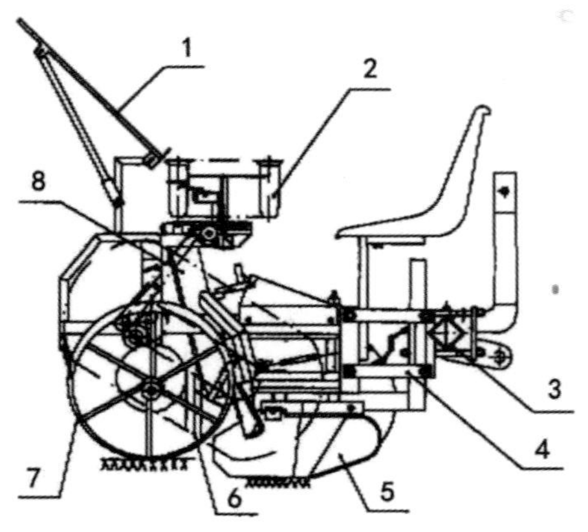

图 3-26　导管式移栽机原理图

1—苗架；2—喂入器；3—主机架大梁；4—四杆仿形机构；5—开沟器；
6—栅条式扶苗器；7—覆土镇压轮；8—导苗管

根据钵苗沿管进入苗沟形式的不同，这种栽植机又分为推落苗式、指带落苗式和直落苗式三种。其特点是适应性较广、不伤秧苗，栽植的穴行距和栽植深度均匀一致，具有较好的直立度，且与钳夹式钵苗栽植机相比具有较高的作业速度和生产率，栽植速率一般为 60~70 株/min。缺点是调整比较复杂，受拖拉机前进速度影响明显。

（四）挠性圆盘式移栽机

挠性圆盘式移栽机由两片可以变形的挠性圆盘夹持秧苗，栽植人员将秧苗喂入植苗输送带的秧槽内，输送带将秧苗喂到栽植器中，然后圆盘转动，当秧苗达到垂直状态时移栽机把秧苗栽入开沟器开出的沟内，完成移栽作业（图 3-27）。

该类移栽机械的特点：圆盘一般由橡胶材料或薄钢板制成，结构简单，成本低，但圆盘的寿命较短。由于不受苗夹数量的限制，它对穴距的适应性较好，特别适合小株距作物移栽，对于像白葱等长茎作物的栽植效果更佳。缺点是通用性较差，栽植深度不稳定。

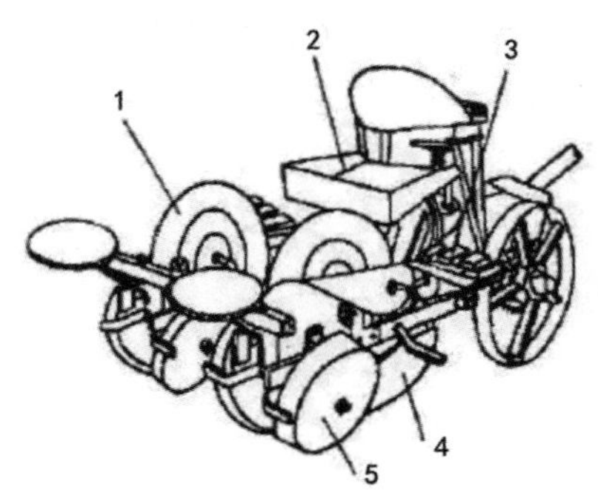

图 3-27　挠性圆盘式移栽机原理图

1—挠性圆盘；2—苗箱；3—秧苗输送带；4—开沟器；5—镇压轮

常州亚美柯机械设备有限公司生产的 2ZS-1（VP100B）型大葱移栽机（图 3-28）采用的就是挠性圆盘式设计的移栽机，适用于做沟培土种植的大葱移栽，种植行数 1 行，行距 50~110 cm，种植深度 1~4 cm，适应沟深 15~40 cm，作业效率 0.6 亩/ h。

图 3-28　2ZS-1（VP100B）型大葱移栽机

2. 按照自动化程度划分

按照自动化程度划分，移栽机可分为半自动移栽机和全自动移栽机。

半自动移栽机是指移栽机在整个移栽过程中需要人工取苗、投放、喂苗，由机械完成秧苗栽植的设备。目前国内市场蔬菜移栽机械大多为半自动移栽机，市场占有率在 80%以上。例如宝鸡鼎铎机械有限公司生产的 2ZB-2 移植机（图 3-29）虽然实现了人工驾驶自走作业，但是需要人工取苗、投苗。该机械采用了机电一体化设计，数字显示，行距和株距无级可调，行距 25~50 cm，株距 10~60 cm，操作简单，作业效率 2 000~4 000 株/h。

图 3-29　2ZB-2 移植机

全自动移栽机是指在蔬菜移栽过程中，由机械执行机构完成取苗、投苗、喂苗、栽植、覆土、镇压等过程的移栽机械。前文介绍的亚美柯 2ZS-1（VP100B）型大葱移栽机是一种典型的全自动蔬菜移栽机。另外，洋马农机（中国）有限公司生产的 PF2R 蔬菜移栽机（图 3-30）也是典型的全自动蔬菜移栽机，移栽株距可实现在 26~80 cm 之间无级调节，作业行数 2 行，但该机须配套使用标准化可蜷曲专业育苗盘。

目前，针对蔬菜移栽自动化的需求不断增加的问题，国内许多高校和企业也在不断地研发配套自动化取苗投苗装置。沈阳农业大学田素博教授研究开发的蔬菜移栽自动取苗投送装置（图 3-31），用于配套国内多种类型的蔬菜移栽机，取得非常好的效果，实际应用范围不断扩大。

3. 按照行走方式划分

按照行走方式划分，移栽机可分为自走式蔬菜移栽机和牵引式蔬菜移栽机。自走式蔬菜移栽机是指整机行走机构为发动机驱动的移栽机，一般情况下设备行走方向需人为控制。上述 PF2R 蔬菜移栽机、2ZS-1（VP100B）型大葱移栽机、2ZB-2

移植机均属于此类机械。

图 3-30　PF2R 蔬菜移栽机

图 3-31　蔬菜移栽自动取苗投送装置

牵引式蔬菜移栽机是指蔬菜移栽过程中须配套拖拉机作为前进动力的移栽机，通常此类机械需要 2~6 名工人跟随完成取苗投苗作业，整机结构尺寸较大，作业效率高，适合大田蔬菜移栽作业。例如青州华龙机械科技有限公司生产的牵引式2ZY-2甜菜移栽机（图3-32）须配套20~40马力的拖拉机，作业行数2行，株距300~400 mm，行距400~500 mm，栽植频率80~140株/（min·行）。

图 3-32　牵引式 2ZY-2 甜菜移栽机

总之，移栽机种类较多，作业原理也不一样，适应性和适用性也不相同，在实际农业生产过程中，应根据作物选择适合的类型，在选择之前要充分了解各种类型移栽机的优缺点和适用范围。最好选用适应性强，适合移栽多种作物的移栽机。

第 4 章　蔬菜田间管理机械化技术与装备

蔬菜田间管理主要涵盖了植保、施肥、灌溉、中耕除草、运输等环节，可为蔬菜提供良好的生长环境，对蔬菜的生长起到促进和控制作用。在蔬菜田间管理过程中应用机械化技术不仅可以提高蔬菜产量和品质，还可以降低生产成本，减少人力投入，提高生产效率。本章主要介绍蔬菜植保、水肥一体化与节水灌溉、中耕管理、运输环节中所涉及的机械化技术及装备。

4.1　蔬菜田间管理机械化技术概述

4.1.1　蔬菜田间管理机械化技术现状

田间管理机械主要包括植保机械、水肥一体化与节水灌溉设备、中耕管理机械等。

1. 植保机械

近年来，我国开展对中、大型植保机械及植保无人机的研究应用，植保机械技术取得了显著进步。随着物联网、人工智能、大数据等技术的不断发展，植保机械正朝着数字化、智能化、自动化的方向迈进。我国植保机械技术尽管取得了显著进步，但仍存在一些问题。我国植保机械以背负式手动喷雾器和背负式机动弥雾机为主，先进的大型植保机械保有量较少，存在结构单一、作业效率低、喷头质量欠佳、农药利用率低、对操作者身体健康损害大等问题。此外，部分植保机械存在可靠性不高、喷施质量不佳等问题，需要进一步优化和改进。欧美发达国家植保机械以中、大型喷雾机为主，并将信息化技术、自动控制技术等先进技术应用到产品开发中，并以减少施药量，提高作业质量和减少农药对作物、环境、人体的影响为研究重点，如喷杆平衡系统、静电喷雾技术、农药回收技术、无人机喷药技术等，实现了植保作业的高质高效、低成本，降低了对环境的污染和对操作者的身体影响。

2. 水肥一体化与节水灌溉设备

节水灌溉机械化发展迅速，有喷灌、滴灌、微灌、水肥一体化等多种形式。近年来，水肥一体化与节水灌溉技术在我国已经得到广泛推广和应用，几乎所有规模化基地都配有不同水平的节水灌溉系统，许多一般农户也采用简易的水肥一体化设备或移动式滴灌设备。在我国，以滴灌为主的水肥一体化技术已经取得了显著成效。常见的节水灌溉设备主要包括喷灌设备、微灌设备等。我国生产的喷灌设备主要有大、中、小、轻型喷灌机，喷灌用水泵，喷灌用地埋管道和地面移动管道等。其中，轻、小型喷灌机在我国喷灌工程中应用广泛，占比达到 75%左右。虽然我国在节水灌溉技术研究和工程实践上已具备一定的基础，但支撑产业和相关产业发展缓慢，难以满足大规模普及节水灌溉的需要。因此，未来需要引导和支持相关产业的发展，提高节水灌溉设备的配套能力和总体水平。

3. 中耕管理机械

国外农场由于较为广阔，以及规模化生产、经营，中耕机械向大型化、精准化及智能化的方向发展，对不同作物已形成系统的、系列化的作业装备与工作方案，装备及作业技术成熟度非常高。我国中耕机历史悠久，但发展缓慢，加之我国规模化种植比例较小，种植模式各地各异，现有中耕环节作业机型仍以小型、悬挂式设备为主。我国蔬菜产业应用的除草机械以手扶式除草机和旋耕除草机为主，劳动强度大、生产效率和自动化程度低。因此我国加大了在除草机械设备方面的研发，例如天津市万园机器人有限公司研发推广的智能株间除草机器人。目前，该除草机器人已进行试点使用，这种技术除草效果良好，同时可以提高农田的利用效率和产量，降低人工劳动和时间成本。

4.1.2　蔬菜田间管理环节的农艺要求

蔬菜田间管理环节的农艺要求涉及选址、土壤准备、除草、起垄培垄、植株整理、水肥管理、病虫害防治、宜机化等多个方面。科学合理地实施这些农艺要求，可以有效提高生产效率和蔬菜的品质。

1. 选址

（1）选择土壤排水良好、阳光充足、气候适宜的地方进行蔬菜种植。

（2）避开低洼地或积水严重的地方，防止水分过多影响蔬菜的生长和产量。

2. 土壤准备

（1）进行深耕松土，增加土壤的透气性和保水性。

（2）添加有机肥料和矿质肥料，提供蔬菜生长所需的养分。

（3）根据蔬菜的生长特点，采取土地消毒、土壤调节等措施，以预防病虫害的侵扰。

3. 除草

（1）适时进行中耕除草，松土不宜过深以免伤根。

（2）尽量避免使用除草剂，以减少对蔬菜生长的影响。

4. 起垄、培垄

对于需要起垄的蔬菜（如白菜、大葱），应及时培垄以保持排水通畅，减少病害。对于没来得及起垄的蔬菜要根据实际情况适时培垄。

5. 植株整理

（1）对于搭架蔬菜（如黄瓜、豆角、番茄等），要及时进行植株整理（打杈、摘老叶、病叶），以促进通风、透光，提高坐果率。

（2）夏季茄果类蔬菜应轻疏叶，果实尽可能隐藏在叶子底下，避免阳光直射。

6. 水肥管理

（1）根据不同蔬菜的需水特点，合理掌握浇水量和浇水时间，避免过度灌溉导致的病虫害和土壤肥力流失。

（2）科学合理地施用有机肥和矿质肥料，提供养分。注意掌握施肥量和施肥时间，避免过量施肥或错时施肥。

（3）合理利用水肥一体化和节水灌溉技术，提高水分利用率，降低水资源的消耗。

7. 病虫害防治

（1）坚持“防为主、治为辅”的原则，优先使用无公害的防治措施，如生物防治和有机农药等，以减少对环境的污染。

（2）定期检查蔬菜的生长情况，及时发现病虫害并采取有效的防治措施，减少病虫害的发生。

8. 宜机化

采用适应蔬菜全程机械化作业的种植模式，垄距、行距符合作业机械及配套动力行走要求，按照预留作业过道通过并完成作业。

4.2 蔬菜田间管理机械

4.2.1 植保施药技术及设备

蔬菜植保施药技术及设备是保障蔬菜生长安全、防治病虫害的关键。这一技术结合了防治对象的发生规律、保护作物的生长特点、自然环境因素、药剂种类和剂型等多个因素，运用植保机械作为施药工具，旨在实现适时、适当、对症下药、适量用药的目标。植保施药技术是指通过特定的方法和手段，将农药等防治药剂施加到农作物上，以达到防治病虫害、提高农作物产量和品质的目的。这些技术通常包括以下几个方面。

（1）确定有害生物种类和危害程度：施药前应进行田间有害生物检查，确定田间及周边作物及病虫害的种类及危害程度，以便选择适宜的防治方法和药剂。

（2）选择农药：根据有害生物的种类和危害程度，选择合适的农药进行防治。在选择农药时，应注意查看农药的标签，了解其成分、用量、使用方法等信息。

（3）注意施药天气：田间温、湿、雨、露、光照和气流等气象因素复杂多变，对农药的运动、沉积、分布会产生很大影响，从而影响防治效果。因此，应考虑气象因素，选择适宜的施药时机。

（4）规范施药操作：在施药过程中，应严格按照农药的使用说明和操作规程进行操作，确保施药均匀、准确、安全。同时，还应注意个人防护，避免农药对操作人员造成伤害。

（5）选择施药机具：根据作物品种、生育期、病虫草种类及农药的剂型等因素，选择适宜的施药机具。施药机具应具有良好的性能和质量，以确保施药效果。操作人员在使用施药设备进行施药时，应具有相应的专业技能，并注意以下几个方面。

①使用前检查植保施药机械各部件，使机具在使用中保持良好的技术状态。

②使用前仔细阅读使用说明书，掌握相关操作、设备的日常维护与常见故障的诊断与解决方法。

③使用时注意设备的安全操作与自身防护，作业时须佩戴防护装备，不得在途中进行喝水、吃东西、吸烟等可能导致农药中毒的行为。

④喷药作业后须对残留药液按有关环保规定进行处理。

⑤在植保施药机械使用后要对其进行维护保养，如定期加注润滑油、定期检查关键工作部件，更换易损部件、保持药箱清洁等。

常见植保机械有喷雾器、喷杆喷雾机、弥雾机、喷雾喷粉机、杀虫灯、植保无人机等。

1. 电动喷雾器

电动喷雾器是利用电动泵空吸作用将农药变成雾状，均匀地喷射到农作物上的器具，由储液桶经滤网、连接头、抽吸器（小型电动泵）、连接管、喷管、喷头依次连接连通构成。按携带方式分为手持式、背负式、推车式电动喷雾器，适用于小规模田块生产和设施农业的病虫害防治。例如中农丰茂植保机械有限公司生产的3WBD-18 型电动喷雾器（图 4-1）属于背负式电动喷雾器，有效喷幅 4 m，1 天可施药 60 亩，机器净重 6.9 kg，药箱容量 18 L，背负较为省力，满电状态工作时长可达 4.5 h。

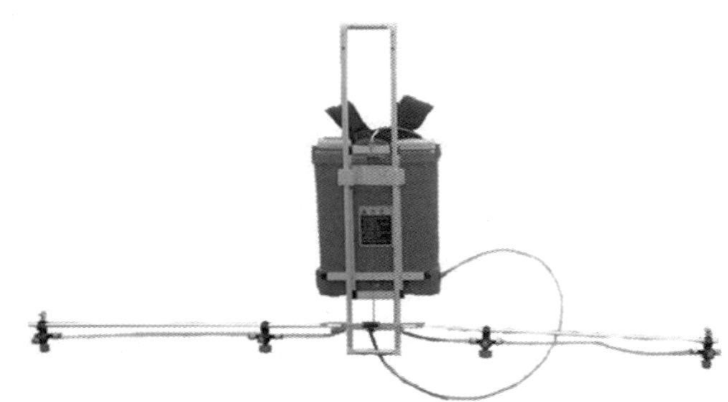

图 4-1　3WBD-18 型背负式电动喷雾器

2. 喷杆喷雾机

喷杆式喷雾机是一种将喷头装在横向喷杆或竖立喷杆上的机动喷雾机，其主要组成部分包括液泵、药液箱、喷头、过滤器、搅拌器、喷杆桁架机构和管路控制部件等。工作时，拖拉机动力输出轴驱动液泵工作，将来自药箱已混合的药液以一定压力排出。经调压分配阀，一部分通过喷头喷射雾化喷向作物，另一部分返回药箱起搅拌作用。喷雾压力由调压阀进行调整。喷雾量的调整可通过调整喷雾压力或更换不同喷孔直径喷头实现。该类喷雾机作业效率高，喷洒质量好，喷液量分布均匀，适合大面积喷洒各种农药、肥料和植物生长调节剂等的液态制剂，广泛用于大田作物的虫草害防治和叶面肥喷洒。喷杆式喷雾机按行走方式可分为自走式、牵引式、悬挂式。

自走式喷杆喷雾机是一种将喷头装在横向喷杆或竖立喷杆上自身可以提供驱动动力、行走动力，不需要其他动力就能完成自身工作的一种植保机械。例如中农丰茂植保机械有限公司生产的 3WPZ-1000G 型自走式喷杆喷雾机（图 4-2）药箱容量 500 L × 2，离地间隙为 2 400 mm，可以更好地适应我国特殊而复杂种植模式的需求，喷幅 13.5~15.5 m，轮距调节范围广，可以适应不同的作物种植模式。

图 4-2　3WPZ-1000G 型自走式喷杆喷雾机

牵引式喷雾机是与拖拉机配套的大型宽幅喷杆喷雾机，喷雾性能好，作业效率高，适用于大地块露地作物植保。中农丰茂植保机械有限公司生产的 3WQ-2000 型牵引式喷杆喷雾机（图 4-3）与 60 马力以上拖拉机配套使用，药箱容量 2 000 L，喷幅 18~24 m，液压控制喷杆展开或折叠，采用水平作业形式，主要用于大田农作物如玉米、小麦、大豆等喷施杀虫剂、杀菌剂、除草剂、作物生长调节剂和液态肥料。

图 4-3　3WQ-2000 型牵引式喷杆喷雾机

悬挂式喷杆喷雾机是一种与拖拉机配套使用的喷杆喷雾机，适用于露地作物的植保作业。机架和喷杆安装在底盘后端的悬架上，药箱安装在底盘和喷杆之间、后轮上方或底盘前端，在作业时可以灵活调整喷杆的高度和角度，以适应不同的作业需求。中农丰茂植保机械有限公司生产的 3WPX-1000A 型悬挂式喷杆喷雾机（图 4-4）药箱容量 1 000 L，喷幅 18 m，驾驶室可以液压控制喷杆展开或折叠、升降，操作灵活，施药效果良好。

图 4-4　3WPX-1000A 型悬挂式喷杆喷雾机

3. 担架式（推车式）机动喷雾机

担架式（推车式）机动喷雾机由机架、活塞泵、汽油机、喷射部件、卷管支架及喷雾胶管等组成。根据移动方式不同分为担架式和推车式，便于田间转移，它具有调压方便、流量稳定、使用可靠、效率高等优点。可用于大田作物和花卉、林果等的植保。中农丰茂植保机械有限公司生产的 3WZ-34 担架式喷雾机（图 4-5）射程半径 10 m，喷枪喷量 6.5 L/min；3WT 系列手推式喷雾机（图 4-6）配置喷射系统，分别可调式中距离喷枪和远程喷枪，可产生弥雾、细雾、粗雾、水柱，适合多种作业场景使用。

图 4-5　3WZ-34 担架式喷雾机

图 4-6　3WT 系列手推式喷雾机

4. 常温烟雾机

常温烟雾机主要由电动机或内燃机、空压机、药液箱、轴流送风机、气力雾化喷头、自动定时电器控制系统等组成。核心作业部件是气液二相流喷头，工作原理是在高速气流的作用下，喷嘴处形成局部真空，将药液吸至喷头体内，压缩空气与药液在喷嘴外缘处混合雾化，然后喷射在棚室空间和作物上。作业时喷射部件和空压机、操作柜分别设置在棚室内外，作业人员可以在棚外通过控制系统进行操作，以避免污染和中毒。常温烟雾机代表机型 3YC-100 常温烟雾机（图 4-7），药箱容量 6 L，采用超微颗粒技术，雾滴直径小（15~24 μm），这使得烟雾能够深入作物叶片背面、缝隙等难以触及的地方且烟雾能在空间悬浮 2~3 h，可以较均匀地附着到植物叶、茎各处及病虫害部位，尤其在密集型作物中防治效果更显著。其适用于大棚内的封闭性喷洒作业。

图 4-7　3YC-100 常温烟雾机

5. 水雾烟雾两用弥雾机

水雾烟雾两用弥雾机（图 4-8）以汽油为燃料，通过脉冲式发动机产生高温高压气流。当药阀打开后，药箱内的气压将药液压至喷发管内，与高温高速气流混合，通过气力喷头将药液雾化成直径为 80~150 μm 的雾滴，喷洒到农作物上。水雾烟雾两用弥雾机的雾滴容易黏附在农作物上，其多为背负式，便于移动和操作，适用于大棚蔬菜等封闭空间的病虫害防治。

图 4-8　水雾烟雾两用弥雾机

6. 背负式静电喷雾器

背负式静电喷雾器的工作原理主要是通过将雾粒充电，使其喷出后带上电荷。当带电的雾粒接近动植物或物体表面时，雾粒会环抱吸附在物体表面，从而实现均匀喷洒和高效吸附。例如，山东卫士 3WJD-18 背负式静电喷雾器（图 4-9）是用高压电使药液或喷头雾化时形成群体荷电雾滴，在喷头与喷雾靶标间建立静电场，在静电场力和其他外力的联合作用下，雾滴作定向运动从而吸附在目标作物的各个部位，提高农药利用率和防治效果，具有省水、省药、高效、绿色、节能、环保的优点。

图 4-9　3WJD-18 背负式静电喷雾器

7. 喷雾喷粉机

喷雾喷粉机的主要结构包括动力源、泵、喷嘴、储药桶（或储粉罐）等部分，最为常用的是背负式喷雾喷粉机（图 4-10），通常采用空压机或泵，为喷雾喷粉机提供动力。泵通过机械传动将药液或粉末从储药桶（或储粉罐）中抽吸出来，经过高压管道和喷嘴喷射出去，从而完成作业。其雾化性能好，适应性强，可用来喷施液剂、粉剂。

图 4-10　背负式喷雾喷粉机

8. 电动弥粉机

电动弥粉机通常由电机、风机、药箱和喷管等部分组成，工作原理是利用电机驱动风机产生高速气流，将药箱中的微粉剂农药通过喷管喷出。喷出的粉末带有静电，粉粒间相互碰撞并在空中自动弥散。粉末在空中飘浮一段时间后沉降到作物表面，由于静电作用，粉末能够覆盖到叶子的背面和难以触及的角落，从而实现全面、均匀的防治效果，农药利用率比传统喷雾提高了 30%。

代表机型为朋友乐精量电动弥粉机（图 4-11），该机型控粉精准，弥散性好，弥散漂浮 1~1.5 h，动力强劲，射程 8~10 m，喷洒效率高，1 亩大棚打药时间 3~5 min。

图 4-11 朋友乐精量电动弥粉机

9. 电动超微弥雾机

电动超微弥雾机是一种大棚专用产品，采用双旋风气流雾化喷头与药壶组成的喷洒器具，以电动离心机座组成部件，由波纹管将喷洒部件与动力件连接在一起，构成气溶胶弥雾机。代表机型为曲阜市农家宝机械有限公司生产的电动超微弥雾机（图 4-12），该机型有效射程（棚内）12~14 m，药箱容积 10~16 L，机转平稳、噪声小、风力大，为了更好地保护电机，设有防热、防进脏物功能，增加了弥雾机的使用寿命。

图 4-12　电动超微弥雾机

10. 植保无人机

植保无人机主要由飞行平台、导航飞控、喷洒机构三部分组成。其通过地面遥控或导航飞控，实现喷洒作业，可以喷洒药剂、粉剂等。植保无人机按动力来源主要分为电动、油动两种。电动植保无人机以电池为动力源，具有低噪声、零排放、维护成本低等优点，适用于小型和中型植保作业，但受限于电池容量，其飞行时长相对较短；油动植保无人机以燃油为动力源，具有飞行时间长、载重能力强的特点，适用于大型植保作业，但噪声较大，维护成本较高，且排放物对环境有一定影响。植保无人机按旋翼数量分为多旋翼植保无人机和单旋翼植保无人机和共轴直升机。其中，多旋翼植保无人机是目前市面保有量最大的机型，其自动化程度较高，简单易学，且造价相对较低。

代表机型为天宸北斗卫星导航技术（天津）有限公司 S06 植保无人机（图 4-13）。该机型采用快拆式药箱+电池，有效容量为 6 L，机身小巧，四旋翼能够折叠，配备 FPV 摄像头，双 GNSS 定位等，适用于轻量级作业。

11. 杀虫灯

杀虫灯是一种专门设计用于诱集并杀灭昆虫的装置。它基于昆虫的趋光性，利用昆虫对特定光谱范围敏感的光源来吸引昆虫，并通过电击或粘捕的方式将其杀死，从而有效降低病虫指数，防治虫害和虫媒病害。杀虫灯按电源分为交流电杀虫灯、蓄电池杀虫灯、太阳能杀虫灯，其中太阳能杀虫灯最为常用。

图 4-13　S06 植保无人机

交流电杀虫灯适用于有交流电源的使用场地，是传统的杀虫灯供能方式，可人工控制，也可全自动控制。缺点是在农田中使用交流电时，安全隐患较大，且安装符合安全供电标准的交流供电线路投资成本较高。代表机型为天津市三元机电设备制造有限公司生产的 SYJ-15 型交流电杀虫灯（图 4-14），其全灯总功率为 25 W。其主要捕杀对象为夜行害虫，地理位置、自然环境和植物配置种类不同，其诱杀种类和数量不尽相同。该机型对蝶等日行昆虫诱杀力极低，多数蚜虫不上灯，对多数蚊虫有效；击杀天敌少，益害比例低于 3%。有效控制面积半径约 80 m。该机型具有湿控、光控功能，完全自动化控制，傍晚当光照达 100 lx 时，灯自动开启，无须人工操作。

蓄电池杀虫灯配有蓄电池和充电器，适用于有交流电供电条件的区域。以蓄电池为杀虫灯能源，实现半自动控制，使用安全性好于交流电杀虫灯。但蓄电池杀虫灯价格比交流电杀虫灯高，使用过程中还需要支出电费，且需专人充电、管理。

太阳能杀虫灯配有太阳能供电系统，包括太阳能电池、蓄电池和控制器。适用于白天有阳光的任何生产环境。由太阳能供电系统提供能源，白天太阳能电池对蓄电池充电，天黑后蓄电池对杀虫灯供电。一般都有自动控制系统，能全自动安全高效工作，是节能、环保的新能源杀虫灯。太阳能杀虫灯售价较高，但一套杀虫灯有效面积一般在 30 亩左右，太阳能电池板工作寿命 20 年以上，一次投资，长期受益。代表机型为天津市三元机电设备制造有限公司生产的 SY-1A 型太阳能杀虫灯（图 4-15）。该机型为全自动化杀虫灯，总功率 30 W，防治面积 30 亩，性能良好，适用范围广泛。

图 4-14　SYJ-15 型交流电杀虫灯

图 4-15　SY-1A 型太阳能杀虫灯

4.2.2　水肥一体化与节水灌溉技术及设备

水肥一体化技术是一种将灌溉与施肥两个农业生产过程相结合的现代农业技术。其核心原理在于通过管道系统，将肥料的水溶液精准地输送到作物的根部，实现了水分和养分的同步供应。这种技术可以显著提高水肥利用效率，减少水分和养分的浪费，同时促进作物生长，提高作物产量和品质，主要适用于设施农业及果园栽培。水肥一体化系统由节水灌溉系统和施肥设备组成。

1. 节水灌溉系统及设备

节水灌溉系统主要包括滴灌、微喷灌、喷灌等多种类型，由水源、首部工程、管道系统、灌水器组成。水源可以是河流、湖泊、水库、地下水等自然水体。水源的选择要注意水质符合农业灌溉用水的标准。首部工程的是节水灌溉系统的核心部分，它负责从水源取水，并对水进行加压、过滤、施肥等处理。首部枢纽通常包括水泵、过滤器、施肥器、控制阀等设备，这些设备协同工作，确保灌溉水能够稳定、均匀地输送到田间。首部设备的多少可视系统类型、水源条件及用户要求有所增减。管道系统作用是将经过处理的水输送到田间。管道系统通常包括干管、支管、竖管等各级管道，以及连接和控制这些管道的闸阀、三通、弯头等附件。干管起输送水的作用，管径较大；支管主要是工作管道，支管上按一定距离安装竖管，竖管上安装喷头。灌溉水通过干管、支管、竖管，最后经喷头喷洒给作物。灌水器作用是将管道系统输送来的水喷洒或滴灌到作物根部。灌水器主要有两种：一种是灌溉喷头，用于将管道内的水流喷射到空中，分散成细小的水滴洒落在田间进行灌溉，主要有摇臂式（图 4-16）和雾化式（图 4-17）两种；另一种是滴灌带及其滴头，其作用是利用低压管道系统，将水一滴一滴均匀缓慢地滴入作物根区附近土壤，滴灌带主要有贴片式（图 4-18）和迷宫式（图 4-19）两种，滴头主要为压力补偿滴头（图 4-20）和滴箭（图 4-21）。

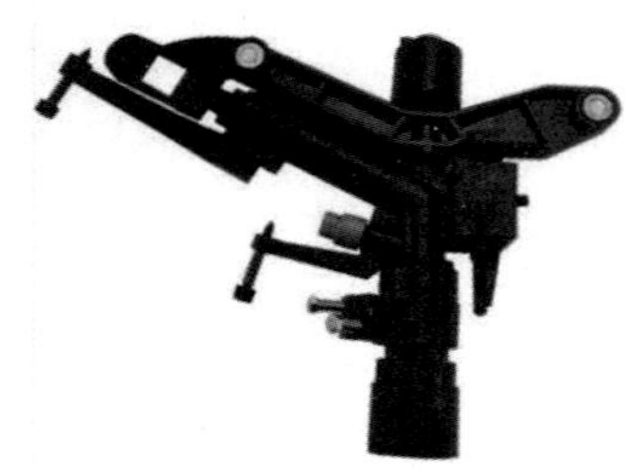

图 4-16　摇臂式灌溉喷头

图 4-17　雾化式灌溉喷头

图 4-18　贴片式滴灌带

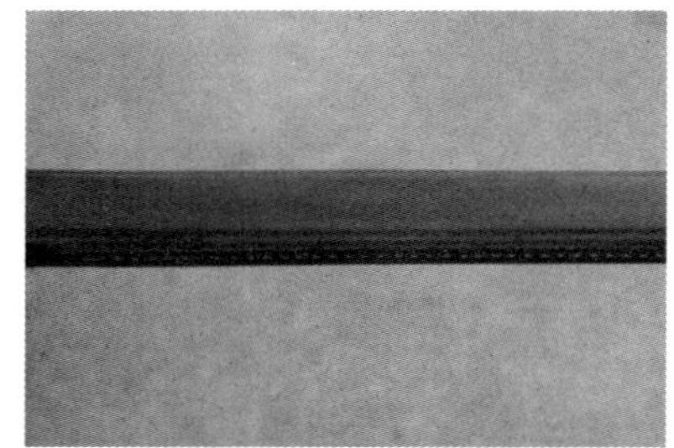

图 4-19　迷宫式滴灌带

图 4-20　压力补偿滴头

图 4-21　2122 型单滴箭

喷灌系统按照移动方式分类有固定式喷灌系统、半固定式喷灌系统、移动式喷灌系统。最为常用的为半固定式喷灌系统、移动式喷灌系统，常见机型包括指针式喷灌机、平移式喷灌机、卷盘式喷灌机。

1）指针式喷灌机

中心支轴式喷灌机，也称指针式喷灌机，运行轨迹是圆形，设备一端固定在地块中央，装有电机和轮胎的机身互相连接，绕着中心点旋转。水流从中心点经过机身上均匀分布的喷头对地面进行灌溉，适合方形地块的灌溉。中心支轴式喷灌机采用地埋电缆或发电机组提供动力，水源来自地埋管道或蓄水池二次提水。与平移式喷灌机和卷盘喷灌机相比，中心支轴式喷灌机喷灌形状为圆形，存在地角漏喷情况，配备角臂系统成本较高，喷灌机控制范围内宜种同种或灌水要求相近的作物。

代表机型为沃达尔（天津）股份有限公司生产的指针式喷灌机（图 4-22）。装有喷头的管道支承在可自动行走的支架上，围绕备有供水系统的中心点边旋转边喷灌。单台可控制 3 000 亩地，自动化程度高，操作简单，用电量低，人工成本低，喷洒均匀系数可达 85%以上，使用寿命 20 年。

2）平移式喷灌机

平移式喷灌机的运行轨迹是长方形，中心点和所有跨体平行移动，水流从中心点经过机身上均匀分布的喷头对地面进行灌溉，简称平移机，适合长条形地块灌溉。平移机采用发电机组或拖曳电缆提供动力。水源可以是拖管供水、渠道供水，或封闭管道供水。代表机型为林赛（天津）工业有限公司生产的 9500PL 平移式喷灌机（图 4-23）。该机型最大长度 408.4 m，跨体直径 141~219 mm，有四轮和六轮可选。该机型与指针式喷灌机相比，地块覆盖率高（达到 98%），平均亩投资成本低，使用寿命可达 20 年以上。

图 4-22　指针式喷灌机

图 4-23　9500PL 平移式喷灌机

3）卷盘式喷灌机

卷盘式喷灌机利用喷灌压力水驱动水涡轮旋转，经变速装置驱动绞盘旋转，并牵引喷头车自动移动和喷洒的灌溉机械，它具有移动方便、操作简单、省工省时、灌溉精度高、节水效果好、适应性强等优点，分为喷枪式和悬臂喷头式。代表机型为沃达尔（天津）股份有限公司生产的 JP75 卷盘式喷灌机（图 4-24），其悬臂型桁架长度 26 m，喷洒宽度为 34 m，配备高品质全圆/半圆喷头，可实现出色的雾化效果和喷洒均匀度，喷头射程 27~43 m，单次作业最大控制面积达 300 亩。

图 4-24　JP75 卷盘式喷灌机

2. 施肥设备

施肥设备是微灌系统中向压力管道注入可溶性肥料或农药溶液的装置，常用的施肥设备主要有施肥罐、文丘里施肥器、电动注肥料泵、水肥一体化机。压差式施肥罐在我国在大棚蔬菜及大田生产中广泛应用，施肥罐造价低，安装简单，材质有钢罐及塑料罐两种，缺点是不能控制罐中肥料浓度，各区施肥量不等；必须有一定压力才能将肥料加入系统。文丘里施肥器利用进水口和出水口的水压差进行吸肥，优点是不需要外部能源，从敞口肥料罐吸取肥料的花费少，吸肥范围大，操作简单，安装简易，方便移动，但其存在施肥量难控制、操作时容易憋气断流等缺点。电动注肥泵扬程高，可将肥料直接注入灌溉系统。该设备注肥速度可调，方法简单，操作方便，肥料浓度均匀，易控制，缺点是耗电量较高，适合大田灌溉系统应用。本节重点介绍水肥一体机及其代表机型。

水肥一体化机是将灌溉和施肥两个农业技术合二为一的装置。它借助压力系统（或地形自然落差），将可溶性固体或液体肥料按土壤养分含量和作物需肥规律配兑成肥液，再与灌溉水相融，通过可控管道系统送达作物的根系，从而实现水肥的均匀、定时、定量供给。水肥一体机通过传感器和控制器来监测土壤湿度、植物营养状态、气候数据等参数。通过采集的数据，控制器可以自动判断作物对水肥的需求，并根据设定的规则和程序现场或远程进行灌溉和施肥。

设施蔬菜施肥一体机代表机型为天津海汇物联科技有限责任公司生产的智能施

肥机（图 4-25）。该设备具有自动比例配肥、定时施肥、定量施肥、一次性施肥、自动清洗、手动控制等功能。电磁流量计测量范围 170~700 L/h，搅拌机转速 600 r/min，原料桶容积 200 L，混肥桶容积 500 L，管路最大压力 4.5 MPa。其采用 10.1 寸高清触摸显示屏，用户通过显示屏能够观测到设备动态的运行状态。该设备广泛适用于温室大棚等精准种植场地。

图 4-25　智能施肥机

大田喷灌水肥一体机代表机型为林赛（天津）工业有限公司水肥一体化智能系统（图 4-26）。其拥有自主研发的 FieldNET™ 远程控制系统，采用集成式用水、化肥和化学品灌溉方式，具备中心支轴式喷灌机、平移式喷灌机、尾枪、喷射口和水泵遥控功能以及监测和记录用水量和能源用量到降雨和温度等所有事宜的功能，用于露地蔬菜水肥一体化节水灌溉，种植者可在作物生命周期中随时查看控制系统的动态，并且可使用笔记本电脑、平板电脑或智能手机从任何位置控制这些系统。

大田滴灌带水肥一体化机代表机型为林赛（天津）工业有限公司水肥一体化智能滴灌系统（图 4-27）。其由首部变频控制柜、过滤器、全自动施肥机组成，控制柜集成恒压变频供水、水压/流量监测、电能质量监测、施肥机控制等系统，具备首部完整控制功能和完整的系统保护功能，水泵恒压变频控制柜中集成 4G-DTU 和工业触摸屏，配合智能化田间首部，实现系统级自动化控制，可以接入土壤墒情传感器和气象站设备，显示土壤墒情和气象数据。过滤器过滤精度可选 50 μm，130 μm 和 200 μm，全自动施肥机具备高流量精度，误差在 2%以内。

图 4-26　FieldNET™ 水肥一体化智能系统

图 4-27　水肥一体化智能滴灌系统

采用水肥一体化与节水灌溉技术及设备，详见国家农业行业标准《灌溉施肥技术规范》(NY/T 2623-2014)。设备操作应注意以下方面。

（1）滴灌施肥时，先滴清水，管道充满水后再开始施肥。

（2）注意施肥的均匀性。

（3）水溶肥料通常只作追肥使用。

（4）施肥后进行清洗。

4.2.3 中耕管理技术及设备

中耕管理是指在蔬菜生长过程中，对地表土壤进行的一系列耕作和管理操作，旨在改善土壤环境、促进蔬菜生长、控制杂草和提高蔬菜产量与品质。具体来说，中耕管理包括松土、除草、培土、起垄等作业。蔬菜生产中耕过程常用的农业机械包括中耕机、田园管理机、除草机、培土机。

1. 中耕机

中耕机主要指农作物生长期间用于除草、松土、表土破板结、培土起垄或完成上述作业同时进行施肥等作业的机械。它广泛应用于各种农作物的田间管理，特别是在大面积种植的环境下。中耕机械主要工作部件是铲式部件，其耕深、幅宽等参数可根据具体需求调节，以满足不同作业要求，按工作原理可分为锄铲式和回转式两大类，其中，锄铲式应用较广。代表机型为格立莫 GH 4 SRS 马铃薯中耕起垄机（图 4-28）。它是一款轻型的 4 行背负式马铃薯中耕起垄机，行距 75 cm、90 cm 可选，用户可以根据土壤类型的不同，选配多种功能，适用于作物刚出苗后的中耕阶段。该机型采用双层机身框架，便于安装不同松土弹齿和培土犁铧，适应不同土壤条件，成型器上的垄上挡板可拆卸，使机器适用于出苗后中耕，还可根据需求配置滴灌带铺设设备等。

图 4-28　GH 4 SRS 马铃薯中耕起垄机

任丘市鑫鹏农业机械有限公司生产的 3ZC-280 中耕除草机（图 4-29）主要由机架、齿轮箱、万向节传动轴、中耕除草部件等组成，操作简便，效果显著。该机具尺寸 1 000 × 1 800 × 1 100，结构形式为悬挂式，配套功率为 29.4~58.8 kW 拖拉机使用，行距最大 1 400，可根据作物行距进行调整，适合多种作物的中耕作业。可选配开沟、施肥、培土功能配件，实现作物生长过程中各种中耕作业。

图 4-29　3ZC-280 中耕除草机

2. 田园管理机

田园管理机是一种多功能农业机械，集开沟、培土、起垄、除草、松土等多种作业于一体，适用于蔬菜、果园等小地块作物的种植和管理。代表机型为 3TG-5.5Q 田园管理机（图 4-30），结构形式为双轴轮式，以汽油机为动力，扶手上下左右均可调，配有锄草装置和开沟装置，锄草最大工作宽度为 430 mm，开沟装置最大工作宽度为 360 mm。其结构紧凑，操作灵活，能够适应复杂多变的田间环境，适用于小地块蔬菜管理。

图 4-30　3TG-5.5Q 田园管理机

3. 除草机

1）除草机

除草机由刀盘、发动机、行走轮、行走机构、刀片、扶手、控制部分组成。刀盘装在行走轮上，刀盘上装有发动机，发动机的输出轴上装有刀片，刀片旋转进行除草，节省了作业时间，减少了大量的人力。具有除草功能的除草机大都是小型机械，根据作业需求可更换多种多功能机具头，如松土轮、打草绳轮、旋耕刀片等。以邱县骏马机械有限公司生产的 3TGQ-4Y 除草机（图 4-31）为例，结构形式为双轴轮式结构，扶手上下可调，以汽油机为动力，功率 4 kW，锄草装置形式为除草轮式，最大工作宽度为 275 mm。可实现对果园、茶园、园林、大棚、苗木基地和农田农作物等的除草。

图 4-31　3TGQ-4Y 除草机

2）智能除草机

智能除草机是结合了人工智能技术和传统除草机功能的高科技设备，能够自动识别并清除杂草，极大地提高了除草效率和质量，降低了人力成本和劳动强度。智能除草机主要由主机、摄像头、控制系统和割草装置组成，通过摄像头识别杂草，将杂草的位置和图像信息传输给主机；主机通过人工智能算法对信息进行处理，计算出杂草的位置和轨迹；然后，通过控制系统将割草装置移动到杂草位置，通过高速旋转的刀片将杂草切断。此外，智能除草机械还可以通过 APP 进行远程控制，用户可以在手机上实时查看设备的工作状态和位置，并远程控制设备的运动和操作。

代表机型为天津万园机器人有限公司研发的智能株间除草机器人（图 4-32）。该机型具有四驱四转向运动平台，平台具备高精度运动控制能力，可实现人工无线遥控、自主导航，有轮距伸缩调节、地面仿形机构及多功能的作业装置，使机器人能够适应不同田地形状、作业方式和作物生长状态。传感器融合全球定位系统（GPS）、惯性导航系统（INS）和机器视觉三种方式，使得定位精度< ±1 cm，定位刷新率>10 Hz。该机型采用轻量化凸轮摆杆式株间除草机构，通过电机控制凸轮精准旋转，带动除草铲摆动避苗除草，适用于生菜、甘蓝、菊苣等叶菜株间杂草的自动识别与清除。

图 4-32　智能株间除草机器人

4. 培土机

在蔬菜种植过程中，培土是将土壤堆积到植物根部的一种操作方式，有助于促进根系生长和提高蔬菜品质。培土机能够精准控制培土高度和宽度，确保培土效果均匀一致。其作业效率高，能够大幅减少人工培土所需的时间和劳动力。代表机型为青岛洪珠农业机械有限公司生产的 2TD-S2 两行上土机（图 4-33）。该机型主要用于马铃薯培土，也可用于其他蔬菜培土。它拥有 4 个培土部件，每个部件培土宽度 20 cm，悬挂于 25 kW 以上拖拉机。该机型能够实现马铃薯覆膜后的上土工作，简单实用，效率高，上土均匀。

图 4-33　2TD-S2 两行上土机

4.2.4　蔬菜运输平台

1. 温室用运输平台

温室用运输平台主要用于温室、大棚内的蔬菜、水果的搬运、运输，以方便人工作业，降低劳动强度，提高作业效率。温室用运输平台分为固定道和非固定道、手控和遥控、电动和油动、轮式和履带式等多种类型，有的平台带有升降功能。

轨道运输车是固定道运输平台，是一种适用于温室运输的设备。它可以解决温室作物收获环节人工采摘转运的问题，降低工人的劳动强度，用于温室内蔬菜或其他物料的运输。代表机型为山东嘉祥博远机械设备制造厂生产的 7YDG-666 大棚专用电动车（图 4-34），该车尺寸 2 000 mm × 500 mm，载重量 500 kg，极大地降低了菜农的劳动强度，电源采用 48V12Ah 铅酸免维护电池，避免了大棚内烦琐的线路对大棚内空间的影响，速度 0~10 km/h 可调，配置长距离双遥控器，遥控距离 100~300 m。

2. 田间用运输平台

田间用运输平台可在田间蔬菜收获作业时，完成输送、搬运等功能，分为有手扶和乘坐、电动和油动、轮式和履带式。

图 4-34　7YDG-666 大棚专用电动车

代表机型为中农丰茂植保机械有限公司生产的 FD multifunction2500 自走式多功能果园移动平台（图 4-35），平台空载 2 150 kg，满载 2 950 kg，动力采用柴油发动机功率 28.5 kW/2 600 rpm，两档最大前进速度分别为 4 km/h，8 km/h，配备前后叉，前端叉车最大负载 150 kg，后端叉车最大负载 400 kg，平台左右可延展，单个延展平台可承担重量 200 kg，延展平台最大延展范围 750 mm，主平台离地最大高度 2 400 mm，采用静液压四轮驱动行走，全液压四轮转向，转弯半径 1.8 m，操作灵活。

图 4-35　FD multifunction2500 自走式多功能果园移动平台

代表机型为上海达汇农业机械设备有限公司生产的高地隙运输车（图 4-35），尺寸 2 400 mm × 1 200 mm × 1 210 mm，载荷平台 2 150 × 1 200 × 2 000 mm，驱动方式为自走式，载重量 700 kg。该平台使用范围广，露地与丘陵山地均可轻松驾驭，特别适合结球类菜地的收获搬运作业；结构简单，传动平稳，操作省力，易实现自动化控制；履带式，转弯半径小，机动灵活；单缸四冲程动力系统，油耗低。

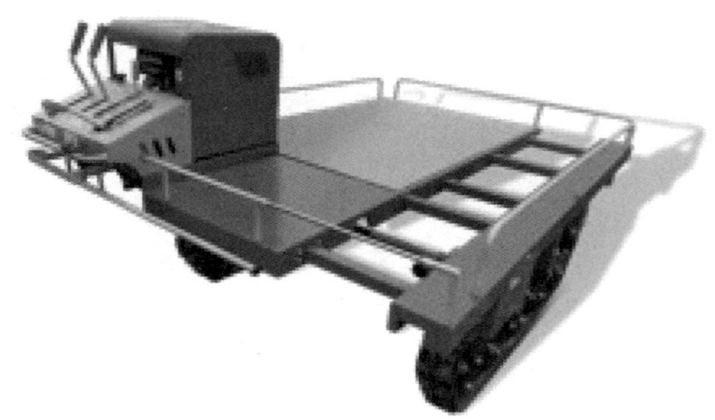

图 4-36　FD 高地隙运输车

代表机型为万园机器人有限公司研发的智能运输平台（图 4-36）。该平台具有四轮四转向、可变轴距、可任意角度移动、原地旋转、路面仿形跟随机构、十字交叉锁车、高地隙等特点的专用底盘。尺寸 1.4 m × 1.1 m × 0.85 m，四轮独立驱动、独立转向驱动结构，最大爬坡 45°，实际最大车速 1.35 m/s，最大安全载重 1 000 kg，动力方式为电动，最大续航 8 h。该平台搭载北斗导航系统、视觉导航技术模块，实现对自身位置的准确识别和定位，确保在不同环境中能够规划路径，使机器人可以在复杂环境中实现精确导航，提供高效的运输服务。

图 4-37　智能运输平台

第 5 章　蔬菜收获机械化技术与装备

在蔬菜生产各作业环节中，收获最耗费劳力和时间，其作业量超过蔬菜生产全部作业量的 40%。我国蔬菜机械化收获起步较晚，作业水平低、技术难度大，是目前蔬菜生产最薄弱的环节之一。为保证蔬菜品质、口感和质量安全，蔬菜适时收获与其他作物相比更有必要。

5.1　蔬菜收获机械化技术概论

5.1.1　蔬菜收获机械化技术现状

由于蔬菜种类多样，形态各异，物理性质差异较大，因此不同蔬菜收获机械的结构和工作原理也各不相同。另外，蔬菜一般种植面积有限，给机械化收获增加了一定难度。我国蔬菜收获机械化发展水平相对滞后。2022 年全国蔬菜收获机械拥有量 3.23 万台（数据不包括马铃薯收获机 10.72 万台）。在整个机械化栽培管理过程中，根类蔬菜收获机械初步完成由进口机型向国内自主研发机型转变，茎叶类和果蔬类蔬菜的收获作业的机械化水平目前较低。果蔬类收获机械仅在新疆地区用于深加工用的番茄、辣椒，鲜食用的果菜类收获机械尚在研究阶段，叶菜类蔬菜收获机械研发进程也较缓慢。接下来要有重点地开展如甘蓝、胡萝卜、西红柿等收获机械的研究，并带动其他叶菜类、根菜类、果菜类等蔬菜收获机械的发展，遵循以下发展趋势研制出一系列符合我国农田作业的机型。

1. 发展多功能蔬菜收获机具

集多种功能于一身的蔬菜收获机械，能进行较为复杂的复式作业，如叶菜类收获与废弃物收集机械、根菜类收获与废弃物收集机械。

2. 发展专用、通用蔬菜收获机具

寻找不同蔬菜种类间的共性，研发结构简单、紧凑和通用性能好的机型，使其通过更换部分零部件或者调整工作参数就可以实现对不同种类蔬菜的收获，提高蔬菜收获机械的通用性，降低蔬菜的生产经营成本，促进蔬菜收获机械的推广应用。蔬菜种类繁多，食用部分的形态和收获的部位差异大，收获方式有很大的不同，因此还需要研发专用蔬菜收获机械，增加机械收获蔬菜的种类，提高蔬菜收获机械化水平。

3. 采用先进技术，集成智能化的收获系统

将机械控制和电气控制、液压或气动控制技术应用到蔬菜收获机械上，以提高其智能化水平及自动化程度。采用先进的技术如信息采集、专家决策系统技术，充分应用地理信息系统（GIS）、全球定位系统（GPS）、农田遥感监测系统（RS）等精准农业的核心技术，使人的劳动技巧和选择能力得到充分发挥。在国外，蔬菜收获机有包含芦笋成熟度检测、西红柿在线色选装置等的报道，研究结合传感器机器视觉等技术，用于收获过程的蔬菜数量、重量等信息的采集、智能化品质识别和在线筛选等。随着日本劳动力不足与人口老龄化，对蔬菜机械化提出了更高的要求，收获机械向智能机器人采摘、图像识别、GPS 导航、无人驾驶等方向发展。

4. 分区域发展不同形式的蔬菜收获机械

借鉴美国、日本、韩国等国家蔬菜全程机械化发展的先进经验，我国东北、新疆等地规模化大型农场可引进大型收获机具，西南地区等应发展小型轻便收获机具。

5. 农机与农艺相结合的研究

在现代农业的发展中，农业机械化的实现越来越离不开农艺的支持，农机与农艺相辅相成，共同服务于农业生产的综合效益，蔬菜收获机械的研发也不例外。通过相关学科专家的定期交流、协同研究，培育适合机械化收获的蔬菜品种，制定符合机械化收获的栽培模式，如行距、垄作、平作等，研发与农艺相融合的蔬菜收获机械。

6. 机械结构的优化设计

蔬菜收获机械体积大，耗材量大，面对农户的经济承受能力，要最大限度地降低制造成本。在满足机械性能的前提下，设计结构简单、紧凑、通用性好的机型，以满足广大的市场需求。同时，现代机械设计理论和方法为问题的解决提供了途径，CAD/CAE 软件的运用，优化理论的研究，为进行机械的运动学、动力学仿真提供了技术平台，以达到优化机械结构的目的。

5.1.2　蔬菜收获环节的农艺要求

蔬菜的主要收获机械有非结球类叶菜收获机械、结球类叶菜收获机械、根茎类蔬菜收获机械、茄果类蔬菜收获机械等。菜农须按照符合机械化收获的栽培模式，选择与播种机或移栽机相匹配的收获机械，同时合理的收获还应符合“及时、无损、保质、保量、减少损耗”的原则。

1. 收获标准

蔬菜种类繁多，鲜销或加工、贮藏等用途不一，因而收获标准也不一致。但共同点都是将达到商品成熟度，即成熟到适合食用或加工、储运，作为唯一的收获标准。就多数蔬菜而言，商品成熟均早于生理成熟。如以根、茎、叶、花或幼嫩果实供食用的蔬菜均在生理成熟前就进行收获。只有少数蔬菜如西红柿、西瓜、甜瓜等的商品成熟度才与生理成熟度基本一致，即可以生理成熟度作为收获的标准。

蔬菜产品是否达到商品成熟度或符合收获标准，一般可按某些指标凭感官判断。但这些指标并非对每一种蔬菜都有同等重要的意义。同一种蔬菜产品也可有不同的商品成熟度标志。另外，由于不同地区消费习惯的不同，收获标准还存在一定的地区差异。

2. 收获时机

蔬菜的合理收获时机除根据收获标准掌握外，还需考虑以下因素。

1）保持长势

多次收获的蔬菜，如茄果类、瓜类的第一穗果宜适当早采，常在幼果尚未达到收获标准时就提前收获，以利于植株发棵和后续果实的生长。到结果盛期每隔 1~2 天就收获 1 次，可避免植株早衰；多年生的韭菜，为维持高产和使地下根茎贮藏有足够的营养物质，防止早衰，应控制收割次数，且不能割得过低，以免影响下一茬产量和长势。

2）提高贮性

高温时收获不利于采后贮藏，降雨后收获，成熟的果实易开裂，滋生病原菌，引起腐烂，一般以在晴天早晨气温和菜温较低时收获为宜；供冬季贮藏用的芹菜、菠菜等耐寒蔬菜，在不受冻的前提下适当延迟收获，可避免贮藏时脱水和发热、变黄腐烂。

3）保持鲜度

在气温较低的清晨或上午收获，有利于保持产品的鲜度。地下根茎类蔬菜收获时应避免机械损伤；收获后摊晾使表面水分蒸发和伤口愈合。洋葱、大蒜可连根拔起，在田间曝晒，使外皮干燥。

3. 收获技术要求

一是不同种类蔬菜的切割要求不同，工作时需要根据蔬菜的种类设定切割要求，调节割台的切割高度。

二是叶菜收获机的作业速度因机型原理不同而区别较大，一般要根据种植品种和地块条件进行调整，以达到产品技术参数要求且收获质量较好为准。

三是叶菜的割茬高度应保持一致。

5.2　叶菜类蔬菜收获机械

叶菜类蔬菜以叶片、叶柄和嫩茎为食用部位，其种类和品种极为丰富。叶菜根系一般较浅，生长周期短，单位面积上植株较多，收获时间紧，叶嫩多汁，一般宜就地收获，就地供应。绿叶蔬菜如菠菜、鸡毛菜等，机器播种后两个星期就可以收割。同种类和品种的叶菜成熟时的长势和收获后的食用部位不同，也对机械化收获提出了不同的要求，进一步加大了机械化收获作业难度。农艺特点如下。

一是蔬菜鲜嫩的茎叶极易破损，机械采收一般会造成损伤，使得在收割与运输方面都很难保证叶菜的损伤率及收割质量。

二是叶菜类蔬菜种类多种多样，且大多株距不确定，增加了收获机的采摘难度。

三是叶菜的采摘切割点一般比较低，所以收获机的采摘装置必须布置得离地较近，同时要防止机架碰及土地，这都加大了收获机械整体结构设计的难度。

四是蔬菜种植地凹凸不平，且大多具有一定的含水量，收获机械行走困难。

叶菜类收获机的工作过程主要包括切割、捡拾、输送、收集等步骤，对蔬菜的种植规范和土地平整度要求较高。在收获机进行作业时，收获机前进，经拨禾轮的推动，把菜叶推至往复式切割器前进行切割，被切割后的菜叶经输送带运送到收集箱，适时卸出。

叶菜种类繁多，生长差异大，不同叶菜的机械收获方式不同。按照收获后的堆放方式，叶菜收获可分为有序收获和无序收获。按照收获后菜的形状，叶菜收获可分为带根收获和不带根收获。按照适用的不同蔬菜种类，叶菜类蔬菜收获机械可分为结球类叶菜收获机械和非结球类叶菜收获机械。

5.2.1　非结球类叶菜收获机

非结球类叶菜品种很多，主要有小白菜、菠菜、韭菜、生菜、芹菜、莜麦菜等。主要食用部位为鲜嫩的茎叶，由于茎叶极易破损，机械收获难度大。目前非结球类叶菜收获机械品种较少，主要有小白菜收获机、菠菜收获机、韭菜收获机等。

1. 小白菜收获机的结构

适用于小白菜、茼蒿等密植型叶菜收获地表以上部分的茎叶，往复式割刀或带锯式割刀贴近地表切割，上部的叶菜经输送带提升，再由人工完成装箱。

小白菜收获机按照行走方式可分为手扶式、乘坐式，按动力类型可分为电动、油动和电油混动等几种。

以手扶式小白菜收获机为例，介绍其结构原理。

手扶式小白菜收获机主要由发动机、切割器、输送带、收集箱、行走装置等组成。手扶式小白菜收获机一般用电动机驱动收获机作业和行驶。小白菜收获机在进行茎叶类蔬菜收割时，通过电动底盘行走系统实现整机的田间行走，通过电动往复切割器实现蔬菜的根部切割，通过行走系统实现蔬菜的推入，使蔬菜进入输送装置，通过蔬菜输送装置实现蔬菜的输送收集。

南通富来威农业装备有限公司生产的4UM-120型蔬菜收获机（图5-1），采用电力驱动，切割、输送、行走、割台升降独立单元控制。结构形式为手扶式，配套动力为1 kW电机，割刀形式为往复式双动割刀，割茬高度调节范围0~250 mm（可定制）。该机型适用于鸡毛菜、米苋、茼蒿、芦蒿、蒲公英、薄荷等多种土上叶菜的收获。

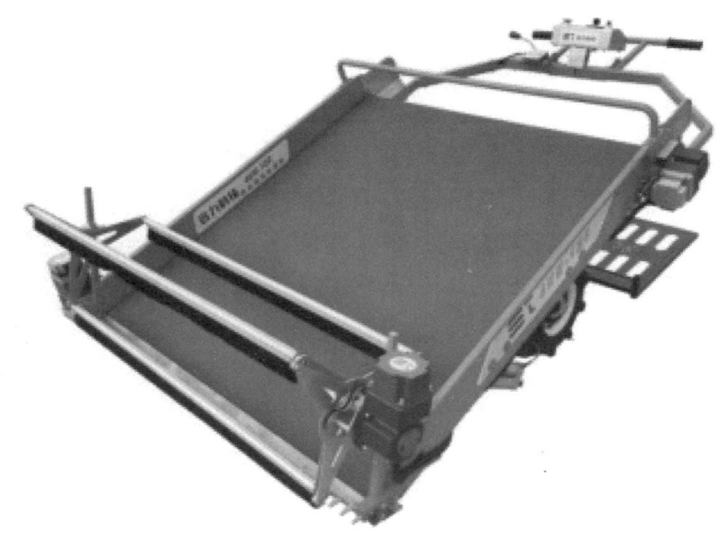

图5-1　4UM-120型蔬菜收获机（土上收获）

4UM-120 系列有多款产品供非结球类叶菜收获作业，其中 4UM-120C 型蔬菜收获机（图 5-2）可实现入土切割叶菜，收获后叶菜不散棵；刀口入土深度可电动调节，配置网状输送带，抖土更干净。割刀形式为摆动式锯片刀，割茬高度调节范围 0~160 mm。该机型适用于上海青、杭白菜、生菜等带根类叶菜的收获。

图 5-2　4UM-120C 型蔬菜收获机（土下收获）

4DZ-120 A 型自走式叶菜收获机（图 5-3）采用乘坐式结构，自动仿形，保证割台始终平行于畦面。配置大数据平台，可满足大面积叶菜收割需求。该机型配置 2.2 kW 电机，割刀形式为摆动式锯片刀，作业速度 0.2~0.4 m/s，可满足大棚和露地大面积叶菜收获需求。

图 5-3　4DZ-120 A 型自走式叶菜收获机（土上收获）

4DZ-120 L 型自走式叶菜收获机（图 5-4）采用乘坐式结构，履带底盘，自动仿形，保证割台始终平行于畦面，配置抖土机构，收获更干净。该机型配置 7 kW 电机，割刀形式为摆动式锯片刀，作业速度 0.2~0.4 m/s。使用增程器，可实现大面积连续作业。

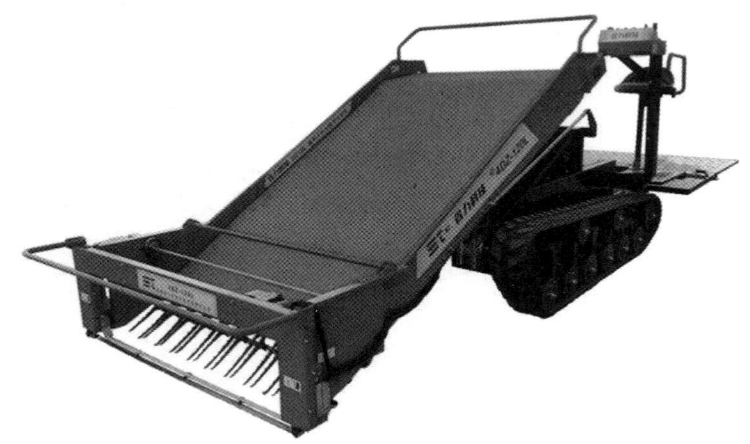

图 5-4 4DZ-120 L 型乘坐式叶菜收获机（土下收获）

2. 菠菜收获机

菠菜收获机适用于菠菜、香菜等需要连根一起收获的叶菜，可在土表以下一定深度进行切割作业。菜体留在原位，由人工捡拾装箱。菠菜收获机按行走方式可分为手扶式、乘坐式等；按动力可分为电动式、汽油机式、油电混动式等。

手扶式菠菜收获机通常采用整株连续收获方式，采用电动机驱动。主要结构包括：机架、夹持输送装置、根土铲切装置、行走装置和动力装置。

机架用于支撑和固定其他装置；夹持输送装置包括支架、浮动辊、支撑辊和柔性带等部件，用于将断根后的菠菜夹持并输送至菜筐中；根土铲切装置包括棘轮、棘爪与根切铲等，用于铲切菠菜的根系并松动土壤；行走装置包括轮子与轮子固定杆，动力装置包括电机、电机架、链轮、链条等，用于提供并传输动力，驱动整个收获机的运行。

手扶式菠菜收获机在作业时，先由根切铲进入土壤铲断菠菜根并松动土壤将菠菜抬升聚拢，之后由拔取输送装置进行菠菜的夹持运输完成菠菜收获。

上海康博实业有限公司生产的 JT-1350B 型菠菜收获机（图 5-5），主机功率 7.35 kW，采用单行作业，工作效率可达 3~6 亩/h。

图 5-5　JT-1350B 型菠菜收获机

3. 韭菜收获机

1）韭菜收获机的结构特点

目前，韭菜收获机主要为小型收割机，采用电动机驱动，多用于设施韭菜的收割。主要由电动机、切割装置、传输装置、收集装置、行走机构等组成。韭菜收获机适用于韭菜的对行收获，集收割、传送、收集于一体，设计的弹性部件皮带可以保证韭菜不受损伤。

韭菜收获机在作业时，根据韭菜种植地的土壤情况与韭菜的种植行距，调节割幅；将分禾器与割刀调整到合适的水平位置，再使用扳手调节割刀，将割刀调整到合适的竖直位置；操控驱动轮行走，通过割刀与输送机构进行切割与输送。

在切割过程中，机具前端设置的行走轮紧贴地面行走，使割刀对地面进行仿形，保证韭菜割茬的高度一致。

2）韭菜机械收获作业的要求

一是将韭菜从根部（叶的底部）切断，且不能损伤韭菜根部，以免影响下一茬韭菜的收成。

二是韭菜的割茬高度应一致，否则会影响下一次收割及后续加工。

三是不能碾压到附近的韭菜及割茬。

四是韭菜宜于晴天清晨收割，收割时刀口距地面 20~40 mm，割口呈黄色为宜，割口应整齐一致。两次收割时间间隔应在 30 天左右。

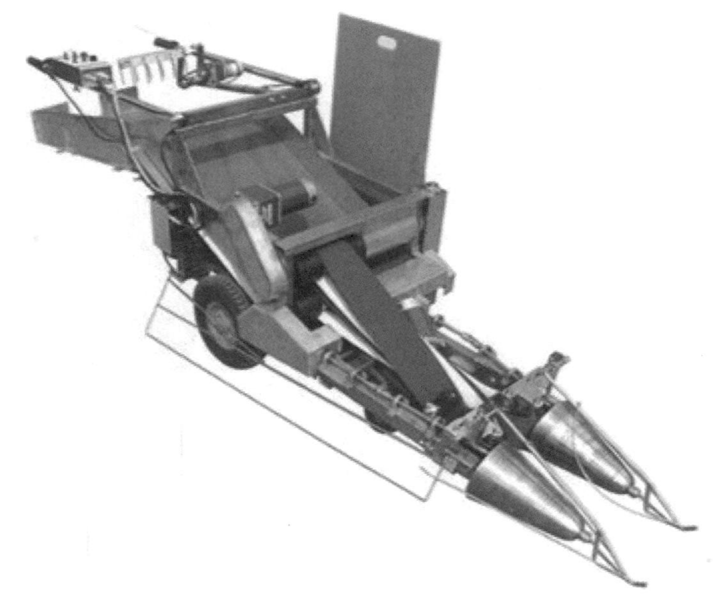

图 5-6　4JU-1 韭菜收割机

省力科技 4JU-1 型韭菜收割机（图 5-6），采用自走式结构，配套驱动电机功率为 200 W，切割电机功率为 60 W。收集形式可采用铺放或入篮。割台工作幅宽为 300 mm，单行收割，作业速度为 1~3 km/h，作业小时生产率为 300~900 m²/h。

5.2.2　结球类叶菜收获机

结球类叶菜是蔬菜中的一个大类，主要包括结球甘蓝（包心菜）、结球生菜、大白菜等，叶球为食用部分。结球类叶菜收获机主要有甘蓝收获机、大白菜收获机、结球生菜收获机等。农艺特点如下。

一是叶球易损伤。球茎由多个叶片结球而成，叶子鲜嫩，容易损伤。

二是形状差异大。结球叶菜有很多品种，每个品种的结球形状都不相同，有平头形、卵圆形和直筒形等。

三是球高差异大。由于品种和地区的差异，结球高度的范围差距大，约

20~80 cm。

四是种植密度（株距和行距）差异大。种植习惯、品种和地区等因素对种植密度有很大的影响，种植密的变化范围为 30~80 cm。

五是栽培模式整齐。结球叶菜都是条播，作物生长在同一条基线上。

1. 结球甘蓝收获机

结球甘蓝收获机多采用先切根后拾取的方式，输送带将收获后的甘蓝送至整理平台，由人工清理残叶并装箱。按行走形式分，结球甘蓝收获机可分为自走式和悬挂式等。

自走式结球甘蓝收获机主要由履带底盘、切割刀、夹持输送带、整理平台等组成。先进的机型带有自动对行功能和自动润滑系统，带锯齿的圆盘刀片在电动液压感应系统控制下可调整切割高度。

悬挂式结球甘蓝收获机作业时，将甘蓝由导向圆锥体引向螺旋输送器，将其整平后，将甘蓝引向圆盘刀，切除甘蓝根部，由弹性橡胶带和梯形折弯铁杆组合而成输送器压紧甘蓝头部输送到接收装置，输送带张紧调节装置可适应不同大小的甘蓝。由带螺旋导槽的旋转柱体构成叶子分离螺旋器在输送过程中去除外包叶，液压缸可以调节收割高度。

甘蓝适应性、抗逆性强，容易栽培，产量高，耐运输，耐贮藏。随着人民生活水平的不断提高，除数量要求外，市场对甘蓝叶球的球形、球色、球面、大小等外观品质和叶球紧实度、中心柱长度、耐裂球性、耐贮运性等提出了愈来愈高的要求，这样也对收获作业提出了更高的要求。

一是采用甘蓝收获机进行甘蓝收获时，要选用适宜长度的输送带、将圆盘切割器调整至适宜高度，保证既不切碎甘蓝球体，又不铲土，平均每台收获机配备 4~6 人进行切割外包叶及筛选作业。

二是作业质量应达到甘蓝破损率≤3%，收获效率≥5 000 株/h。

农业农村部南京农业机械化研究所自主研创的 4GCSD-1200 型自走式甘蓝收获机（图 5-7），主要由自走式双动力履带行走底盘、收获割台、智能管控系统等组成，实现了甘蓝从拔取、夹持输送、切根、剥叶到集箱的联合收获作业。该机可收获行距 400~500 mm、球径 150~250 mm 的双行甘蓝，收获效率达到 3.69 亩/h，损失率达到 2.20%。

GRIMME（格立莫）TK 260 B 圆白菜收获机（图 5-8），6 t 料斗，适用于加工用圆白菜。该机采用液压驱动或固定式扶秧器将圆白菜导入喂入皮带，然后顺着皮带进入切根部分，将圆白菜的根茎完整切除。每个喂入单元的收获高度可独立调节。圆白菜由辊式去叶器去除表面的残叶后，经过拣选平台后卸入料斗。

图 5-7　4GCSD-1200 型自走式甘蓝收获机

图 5-8　GRIMME（格立莫）TK 260 B 圆白菜收获机

2. 大白菜收获机的结构

大白菜收获机主要有自走式大白菜收获机、悬挂式大白菜收获机等。

自走式大白菜收获机主要由履带式动力底盘、收获拔取系统、切根装置、升运系统、人工分拣装箱平台等构成。采用单行拔取式收获的作业方式，向上输送过程中双圆盘装置切根，切根后的大白菜输送至人工分拣装箱平台，进行分拣装箱，完成收获作业。

悬挂式大白菜收获机的作业过程为：扶茎器将大白菜扶正，切削刀将白菜根切断，然后提升机构将白菜运输到输送机构上，输送机构再将大白菜运输到装箱部件，最后把装满大白菜的箱子摆放在拖拉机后带的车厢内。

下面以悬挂式大白菜收获机为例，介绍其结构原理。

悬挂式大白菜收获机侧悬挂在拖拉机上，主要由螺旋升运机构、夹持皮带、圆盘割刀和横向工作台等组成。白菜在引拔与搬运过程中，根茎部被旋转的圆盘割刀切断，白菜经工作台进入集装箱。收获方式为单行收获，采用液压调节装置调节收割台的高度。螺旋升运机构与水平面成 15° 倾斜安装。

SC-50 型大白菜收获机（图 5-9）采用背负式单行作业；前置圆盘切刀切断大白菜根部，起收部前端的喂入皮带拖住大白菜放至皮带后端输送带。大白菜经过输送带后进入操作平台，可采用人工或机械装箱。适用于大白菜、西芹、生菜等作物。

图 5-9　SC-50 型大白菜收获机

5.3　根茎类蔬菜收获机械

根茎类蔬菜是我国重要的经济作物，其种类繁多，其中马铃薯、胡萝卜、大蒜、洋葱等产量和面积均居世界前列。收获是地下根茎果实类蔬菜机械化生产的重要环节，由于产品生长于地下，其收获作业工序多、劳动强度大、效率低、作业成本高，用工量占生产全过程 1/3 以上，作业成本占生产总成本 50%以上。根茎类蔬菜的食用部位是根或茎，由于其品种繁多、生长环境各异，机械收获困难。目前已实现机械化收获的作物主要有胡萝卜、大蒜、洋葱、大葱、生姜、山药、马铃薯等。

根茎类收获机械分为拔取式和挖掘式两种。拔取式收获机先将茎叶扶起，从土壤中拔出块根，然后分离块根上的茎叶和土壤。挖掘式收获机先切掉茎叶，然后挖出块根，并将土壤和夹杂物与块根分离。

根茎类蔬菜机械化收获可分为分段收获和联合收获两种典型作业模式。分段收获模式是指由挖掘设备完成地下果实挖掘、输送、果土分离、铺条等作业，再由捡拾（联合）收获机完成后续的捡拾、果秧分离、清选、集果、装运等作业工序。联合收获模式是指使用联合收获设备将从挖掘到集果装运等所有工序一次完成的收获方式。在此两种典型机械化作业模式下，不同地下果实类蔬菜的收获工艺和工序也因作物特性及收获要求的不同而呈现一定的差异。

5.3.1　胡萝卜收获机

1. 功能及特点

胡萝卜收获机的主要功能是挖掘、夹持和收获，同时切顶，最后将胡萝卜装箱。

胡萝卜收获机按行走方式可分为牵引式胡萝卜收获机、自走式胡萝卜收获机。胡萝卜收获机按作业范围分为大型侧牵引联合收获机和自走式中小型收获机两类。大型侧牵引联合收获机作业效率高，适合大面积作业。自走式中小型收获机结构紧凑，配套动力小，适用于小地块作业。胡萝卜收获机按同时收获的行数可分为单行、双行、多行三种类型。

2. 胡萝卜收获机的结构

胡萝卜收获机通常由挖掘铲、限深轮、条式升运链、抖动轮和铺条器等部件组成。作业时，挖掘铲将胡萝卜及土壤一并挖起，条式升运链将胡萝卜向上输送，在输送过程中升运链随抖动轮上下振动，使附着在胡萝卜表面的土块破碎并分离，从链条间隙中落下；胡萝卜被送到后部落入铺条器，成条铺放，便于后续作业。

胡萝卜收获机包括拔取装输送系统和机架等。工作时，先由松土铲挖松土壤，拔取传送带挂缨叶将胡萝卜拔出，输送至割刀处切除胡萝卜茎叶，根部随输送带装箱完成。

3. 农艺要求

胡萝卜收获机的工作宽度一般为 300 mm，因此适宜的作业垄距应大于 300 mm。适宜垄上多行，行距应满足双苗带间距小于 100 mm 的要求。

收获时期要适宜。过早则根未充分长大，产量低，甜味淡；过迟则肉质根变粗变老，易发生糠心，品质变劣。一般春播胡萝卜在 7 月上中旬可以收获，虽然产量稍低，但价格较高。夏播胡萝卜在 9 月中旬至 10 月中旬可以收获。

收获时应保证以下质量标准：损失率≤5%，损伤率≤5%，含杂率≤5%，切头合格率≥85%，纯工作小时生产率（hm^2/h）不低于设计值，挖掘深度在 0~350 mm 可连续调节。

GRIMME（格立莫）CM-1000C 型收获机（图 5-10）是一种单行、悬挂式夹拔皮带收获机，具有集成装箱系统，可直接装载板条箱，主要用于小型农场。该机器的特点是设备的高度可变性。机器由下拉杆和中轴悬挂支架承载，铲刀松动根部下方的土壤。胡萝卜缨被旋转的锥形扶秧器提升起来，以便可以通过夹拔提升带将其拔出。根部清洁器去除黏附的土壤。切刀装置去除叶子底部的茎秆，使茎秆从机器后面弹出。胡萝卜通过拣选平台输送到板条箱中。该机器可以配备不同的平台，通过精准积极分拣实现高水平的作物保护。

图 5-10　胡萝卜收获机 CM-1000C

GRIMME（格立莫）T 200 胡萝卜收获机（图 5-11）适用于中型农场，为两行牵引式胡萝卜收获机，带装载提升臂。可选配圆盘切刀，适用于收获工业用胡萝卜。可选刺猬网，包括单独的筛网和提升臂。

图 5-11　格立莫 GRIMME T 200 胡萝卜收获机

5.3.2　马铃薯收获机

目前在蔬菜收获机械方面，马铃薯收获机使用程度较高。2022 年全国农业机械化统计年报显示，我国马铃薯机收面积达到 1 515.91 khm^2。

马铃薯收获机按照完成的作业过程，大致可以分为马铃薯挖掘机、马铃薯捡拾机和马铃薯联合收获机三种。有些马铃薯联合收获机上采用 X 射线作为土块与石头的分离器，利用不同物质对 X 射线的穿透阻力差异，使马铃薯与土块、石块等杂物分离。为了保障作业效果，在收获作业之前，还要配合使用马铃薯杀秧机。

格立莫农业技术（天津）有限公司生产的 KS3600 型马铃薯杀秧机（图 5-12）配套 70 kW 以上拖拉机，刀轴设计转速 1 350 r/min，打碎机构最大回转半径 380 mm，刀轴传动方式采用双侧皮带传动，打秧高度调节范围在 70 mm 以上。

图 5-12　KS3600 型马铃薯杀秧机

1. 马铃薯挖掘机

马铃薯挖掘机一般由限深轮、挖掘铲、抖动输送链、集条器、传动机构和行走轮等组成，可一次完成挖掘，将薯块与土壤分离并铺放或集于地表。马铃薯挖掘机分为悬挂式、牵引式和手扶直联式三类。

格立莫农业技术（天津）有限公司生产的WH200型马铃薯挖掘机（图5-13）结构形式为悬挂式，挖掘铲形式为组合式平铲，输送装置采用格栅筛式输送链。

图5-13　WH200型马铃薯挖掘机

2. 马铃薯捡拾机

马铃薯捡拾机可将铺放于地表的薯块捡拾收集起来（含装袋）。主要由捡拾系统、分离系统、输送系统、卸料系统等组成。马铃薯捡拾机可分为悬挂式、牵引式和自走式三类。

勇猛机械股份有限公司生产的4UZ-160A00型自走式马铃薯捡拾机的捡拾装置（图5-14）为平面铲，清选装置为振动筛，输送装置形式为栅条链式，卸薯方式为即时装袋。发动机额定功率为110 kW，额定转速为2 400 r/min。

图 5-14　4UZ-160A00 型自走式马铃薯捡拾机

3. 马铃薯联合收获机

马铃薯联合收获机一次作业可以完成挖掘、分离、初选和收集（含装袋）等作业。其主要工作部件有挖掘铲、分离输送机构和清选台等。马铃薯联合收获机分为牵引式和自走式两类。

格立莫农业技术（天津）有限公司生产的 GT170 型马铃薯联合收获机挖掘铲为组合式平铲，除茎蔓装置为卷秧辊和分秧网，输送装置为格栅筛式输送链，清选分离装置为清洁辊。

图 5-15　GT170 型马铃薯联合收获机

4. 作业质量指标

根据 NY/T2464-2013《马铃薯收获机 作业质量》的规定，马铃薯挖掘机的作业质量应符合伤薯率≤3%，破皮率≤3.5%，明薯率≥96%的要求。马铃薯联合收获机的作业质量应符合伤薯率≤3.5%，破皮率≤4%，损失率≤4%的要求。

根据农业机械推广鉴定大纲 DG/T 078-2022《薯类收获机》判定指标，各类薯类收获机的损失率须≤4%，其中挖掘机伤薯率≤1.5%、破皮率≤2%，捡拾机和联合收获机伤薯率≤2%、破皮率≤3%、含杂率≤4%。

5.3.3　洋葱收获机

1. 收获农艺要求

当有 50%植株干枯时可使用洋葱收获机起出葱头在田间晾晒，叶片全部干枯后，使用洋葱收获机将果实挖至地表，用洋葱装车机将地表洋葱收集，人工留 3~5 cm 剪掉枯叶，按照商品要求分级装入专用袋。

2. 作业过程包括

切秧灭秧、挖掘、输送、分离、铺条、捡拾、清选、装运。根据完成作业功能的多少，洋葱收获机主要分为一次完成一项功能的分段式收获机和一次可完成几项功能的联合收获机两大类。

3. 洋葱收获机的结构

洋葱挖掘机是把洋葱挖出后铺放于地表的机械。洋葱挖掘机与马铃薯挖掘机构造基本相同，只是改变了挖掘深度，主要由悬挂或牵引连接装置、挖掘铲、变速箱、传动装置、振动筛、分离机构等组成，这种机型结构简单，作业效果好，但功能单一且生产效率低。

洋葱联合收获机能够同时完成洋葱挖掘、清选、输送、收集等作业。

牵引式洋葱联合收获机主要由发动机、行走装置、变速箱、传动装置、挖掘部件及输送、分离、清选、提升、卸料装置等组成。作业时拖拉机牵引收获机前行，挖掘铲将洋葱挖起，通过输送筛将其运至摇臂筛，摇臂筛分离土壤与作物。能一次完成切秧灭秧、挖掘、输送、分离、铺条、捡拾、清选、装运等作业，适合收获大面积种植的洋葱，且生产率高、作业效果好。

4. 作业质量指标

根据 DB23/T 1714-2016《畦作洋葱收获作业质量》的规定，在土壤绝对含水率≤25%，土壤坚实度≤650 kPa 的条件下，洋葱收获机的作业质量应符合埋葱率≤5%，漏挖率≤5%，伤葱率≤5%，损失率≤10%的指标要求。

根据农业机械推广鉴定大纲 DG/T 287-2023《洋葱收获机》判定指标，各类洋葱收获机的明葱率≥96%、葱叶除净率≥85%；挖掘机伤葱率≤1%；捡拾机和联合收获机伤葱率≤1.5%；捡拾机损失率≤3%，含杂率≤3%；联合收获机损失率≤4%，含杂率≤5%。

5.3.4　生姜收获机

生姜收获要求比较高，收获后去土，且新姜块不分离。目前常见的为手扶操纵式，在变速箱输出轴两端增设侧传动箱，既可降低运行速度，又可提高整机离地间隙。采用深度切割方式使土壤疏松从而达到挖掘收获的目的。既能收获大葱又能收获生姜，一机两用。这类生姜挖掘机械起到将土壤松动、抬升的作用，然后由人工拔起、去土，整棵存放后熟。

1. 生姜收获机的类型

根据生姜收获方式不同，生姜收获机可分为挖掘式生姜收获机和提拉式生姜收获机。

挖掘式生姜收获机的工作原理是采用挖掘铲，深松生姜的地下土层，然后人工提拉出来。

提拉式生姜收获机的工作原理是用皮带夹紧姜苗，后面的皮带轮比前面的皮带轮高，机具前行将生姜从地里提拉出来。

2. 生姜收获机的结构原理

下面以提拉式生姜收获机为例，介绍生姜收获机的结构原理。

提拉式生姜收获机主要由发动机、变速箱、机架总成、割台总成及行走装置等组成。发动机的动力通过皮带传到变速箱，变速箱动力一部分输出到工作装置进行生姜挖掘作业，一部分动力驱动行走装置前进。变速箱动力切断可以通过皮带的张紧装置实现。提拉式生姜收获机通过牙嵌式离合器可以实现切断生姜挖掘作业动力，从而实现生姜挖掘作业和行走相互独立。割台由分禾器和左右喂入辊组成，喂入辊的拨禾轮向内旋转，实现姜苗的顺利导入。提拉式生姜收获机采用四轮驱动，能适应高低不平的地形。

3. 作业质量指标

农业机械推广鉴定大纲 DG/T 186-2019《生姜收获机》规定，挖松率≥98%，损伤率≤0.5%。

5.3.5 山药收获机

山药因生长深，种植与挖掘难度均比较大，因此采用开沟方式。山药收获机主要有链式开沟机和旋钻式开沟机。

以旋钻开沟式山药收获机为例，介绍其结构原理。

旋钻开沟式山药收获机通常悬挂在拖拉机上，也可以有自主底盘。悬挂在拖拉机上的旋钻开沟式山药收获机主要由机架、升降油缸、横向排土螺旋、链式开沟机构、震动挖掘摆动机构、挖掘铲以及变速箱、传动机构等组成。

挖掘振动松土装置主要由支撑支架及其辅助机构、挖掘支撑支架、液压油缸、固定螺栓与支撑侧板壁、转动横梁、传动链轮和链条、液压马达、偏心轮、格栅振动式挖掘铲、可调长度振动连杆等构成。

在进行山药收获作业时，拖拉机发动机自带液压油泵输出的液压油带动液压马达驱动大链轮转动，大链轮通过传动链条带动传动轴上的小链轮转动，偏心轮带动可调长度振动连杆上下往复运动，进而带动挖掘铲围绕支撑壁架下端的横梁上下摆动，实现对山药土壤的抖动震碎，从而将生长深度达 1.5 m 的山药挖掘出来。

5.4　果菜类蔬菜收获机

果菜类蔬菜主要指番茄、茄子、辣椒、黄瓜、秋葵等。果菜类蔬菜因其复杂的生长状况使得机械化收获受到一定的限制，尤其是攀缘瓜类蔬菜，如丝瓜、苦瓜等，鲜食荚豆类蔬菜，如刀豆、豇豆等，几乎没有机械化收获的研究。且果菜类蔬菜一般都是多次采摘收获的，用机械收获很困难，虽然果菜类蔬菜采摘机器人已经问世，但其未得到广泛推广。果蔬类蔬菜的收获机械已经应用于生产的主要是针对加工型番茄、辣椒、籽瓜等少数几种蔬菜，其他鲜食用的茄果类蔬菜收获机械还很难在生产中推广应用。

5.4.1　番茄收获机

1. 番茄收获作业流程

番茄收获机主要用于加工型番茄的收获，采用统收、一次性收获方式。鲜食番茄收获机还没有大量推广应用。

2. 番茄收获机的类型

番茄收获机主要针对露地加工番茄的一次性的收获作业，通常采用联合收获作业机械。番茄收获机主要收获用于加工的番茄，为果菜类收获机械的典型代表，按有无色选分级装置，可分为无色选装置的番茄收获机、有色选装置的番茄收获机。

设施棚室的番茄，一般采用番茄机器人采摘，但该方式还未得到大面积推广应用。

3. 番茄收获机的结构原理

下面以自走式番茄收获机为例，介绍其结构原理。

自走式番茄收获机主要由割台、输送装置、分离装置、色选装置、动力系统、行走装置、控制部件等组成。

作业时，番茄果秧由往复式割刀割断，番茄秧及果实被捡拾装置捡拾后随输送带至果秧分离装置进行果秧分离，经过缝隙时一部分泥土等杂质被排出，分离后的番茄秧随回收输送带排出，果实随加工输送带至分选装置进行分选。经过鼓风机时碎片等杂质可被进一步去除。分选装置中不符合要求的果实被剔除，符合要求的果实则被输出装车。

新疆格瑞斯机械制造有限公司生产的4FZ-80型自走式番茄收获机（图5-16）为自走式，采用水平往复式割刀，配有色选仪，配套发动机额定功率175 kW，额定转速2 200 r/min。

图5-16　4FZ-80型自走式番茄收获机

4. 作业质量指标

根据NY/T 1824-2009《番茄收获机作业质量》，番茄收获机的作业质量应符合收获总损失率≤4.5%，外来杂质含杂率≤3%，二类杂质含杂率有色选装置≤5%、无色选装置≤8%，破损率≤5%，且果实无油污染的要求。

根据农业机械推广鉴定大纲DG/T 113—2019《番茄收获机》判定指标，番茄收获机总损失率≤4.5%，破损率≤5%，外来杂质含杂率≤3%，二类杂质含杂率有色选装置≤5%，无色选装置≤8%。

5.4.2 黄瓜收获机

黄瓜收获机根据所完成的收获工艺可以分为选择性收获机和一次性收获机两类。目前黄瓜收获机主要用于露地黄瓜一次性收获作业，通常采用联合收获作业方式。设施棚室的黄瓜，一般采用黄瓜机器人采摘，但还未大面积推广应用。

下面以黄瓜采摘机器人为例，介绍黄瓜收获机的结构原理。

自走式黄瓜收获机器人由行走车、机械手、视觉系统和末梢执行器四部分组成。

选择性收获机多采用机器人结合视觉识别等系统。视觉系统是一种模仿人的眼睛，识别已成熟的黄瓜的系统，通常采用双目立体视觉、近红外图像等技术。自走式黄瓜收获机器人必须能够在某一特定环境探测出可以收获的黄瓜，然后采摘并将其放置到运输车上的集装箱内。

机器人机械手只单个收获，收获成熟黄瓜过程中不伤害其他未成熟的黄瓜。采摘通过末梢执行器（由机械爪和切割器构成）完成。末梢执行器由抓持器、切割器等组成。抓持器用于抓持黄瓜，且不损伤黄瓜表皮；切割器用以切断黄瓜果茎。末梢执行器和机械手安装在行走车上。

行走车是一个由电动机或汽油机驱动的移动平台，在温室轨道上行驶、定位，既是一个稳定的工作平台，又为机械手的操作和采摘系统的初步定位服务。机械手是一种能模仿人手、臂的动作，用以抓取黄瓜的自动操作装置，通过编程来完成各种预期的黄瓜采摘作业。收获后黄瓜的运输由一辆装有可卸集装箱的自走运输车完成。机器人和自走运输车不用人工干预就能在温室里工作。

行走车主要用于机械手和末梢执行器的初步定位，上面装有完成收获任务的所有硬件和软件。来自视觉系统的信号通过程序，控制机器人的行走、机械手的动作，末梢执行器的抓取、切割动作。机器人在行走一段距离后停下探测成熟的黄瓜，并让机械手在它的工作区域内采摘探测到的成熟黄瓜，完成收获过程。

5.5 其他蔬菜收获机

5.5.1 青毛豆收获机

青毛豆收获机可在田间完成青毛豆采摘、清选、分拣入仓等作业，有轮式和履带式两种底盘。

天津仙农星科技有限公司生产的4LZM系列毛豆收获机（图5-17、图5-18）均采用卧式割台，弹齿式拨禾轮，脱荚机构布置方式为横向，筛选形式为风选。

图 5-17　4LZML-2200 型自走式毛豆收获机

图 5-18　4LZM-1600C 型履带式毛豆收获机

5.5.2　蔬菜采摘机

采用该类机械作业，采摘人员可连续采摘，省去了来回运送的工序，既降低了劳动强度，又大大提高了作业效率。

山东华兴机械股份有限公司生产的 4ST-6 型蔬菜收获拖车（图 5-19），可用于大田蔬菜大面积采收，极大提高劳动效率。收获拖车底部可用面积 10 m^2。带 6.5 m 液压驱动的输送带，作业效率 8~10 亩/h。

图 5-19　4ST-6 型蔬菜收获拖车

第 6 章　蔬菜初加工机械化技术与装备

6.1　蔬菜初加工机械化技术概述

6.1.1　蔬菜初加工机械化技术现状

蔬菜外形、色泽、口感、卖相、新鲜度、营养等决定蔬菜销售价格。因此，为提高蔬菜自身售价，必要的加工工艺与后续处理是必需的。蔬菜采收后机械化加工主要包括蔬菜清选、预冷、清洗、分级、包装、贮藏保鲜、运输等环节。不同品种的蔬菜，选择全部或几种措施完成初加工，使蔬菜更加清洁、整齐、美观，有利于销售和食用，从而提高蔬菜的商品价值。

6.1.2　蔬菜初加工环节的农艺要求

1. 清选

蔬菜从田间采收后，往往带有泥土、残叶、败叶、病虫污染等，有必要进行清选，及时剔除有病虫害、机械伤、畸形等不符合商品要求的蔬菜，必要时还要进行修整，去除不可食用的部分，比如根、叶、老化部分等，一些轻的叶菜，还要进行捆扎，以获得更好的商品性和贮藏保鲜。蔬菜清选一般都是人工完成的，工人应该戴手套，轻拿轻放，尽量挑出受伤或不符合要求的蔬菜，同时防止对蔬菜造成新的机械伤害。

2. 预冷

蔬菜在产地采收后，应尽快进行预冷处理，特别是一些需要低温冷藏的蔬菜，若得不到及时预冷处理，在运输贮藏过程中，会很快达到成熟状态，蔬菜贮藏寿命大大缩短。在产地及时进行预冷处理后的蔬菜，以后只要较少的冷却处理和隔热措施就可以降低蔬菜的呼吸水平，保持蔬菜的新鲜度和品质。

3. 清洗

对于一些表面带有大量泥土污物的蔬菜，为提高蔬菜商品外观，需要对蔬菜进行清洗。蔬菜清洗必须保证用水清洁。蔬菜在倒入清洗槽时，尽量轻拿轻放，减少对蔬菜造成机械伤害。

4. 分级

将大小不一、色泽不均、品质有差异的蔬菜按照不同等级标准进行分级。形状相对整齐的蔬菜，可以采用机械分级，比如大小分级机、质量分级机、颜色分级机等，有些蔬菜难以进行机械分级，可利用传送带在传输过程中进行人工分级。

5. 包装

根据不同蔬菜的特性和后期的贮藏和运输方式，选择相应的包装方式，菠菜、油菜、韭菜等采用打捆包装，马铃薯、葱头等一般进行袋包装，番茄、黄瓜等一般采用塑料薄膜包装。蔬菜包装还可分为内包装和外包装。外包装材料一般采用塑料箱、纸箱、网袋等；为减少蔬菜受震荡、碰撞、摩擦而引起的机械伤害，可使用纸、薄垫片等作为内包装材料。包装蔬菜应轻拿轻放，置于阴凉处，防日晒、风吹、雨淋。

6. 贮藏保鲜

采收后的蔬菜自身会发生呼吸作用增强、活性氧代谢等一系列生理变化，同时由于所处环境的温度、湿度、化学制剂等外部环境的作用，都会影响蔬菜的新鲜度和保鲜时长。常见的蔬菜保鲜方法主要包括物理保鲜、化学保鲜、生物保鲜三大类，其中物理保鲜技术有低温保鲜、冰温保鲜、热处理、气调保鲜等；化学保鲜技术有 1-MCP 处理、赤霉素处理、脱氧保鲜、乙醇熏蒸处理等；生物保鲜技术有植物类天然保鲜剂、动物类天然保鲜剂、微生物保鲜剂等。由于蔬菜一般都是直接食用，所以使用的贮藏保鲜方法必须做到无毒、低残留量、高效、使用方便。

7. 运输

蔬菜流通量大，且要求运输时间短，保持蔬菜鲜嫩品质，减少损失，有专门的冷藏运输车、包装运输车等。

6.2　蔬菜初加工机械

6.2.1　蔬菜清选设备

目前应用较多的机械化清选设备主要用于清选马铃薯、洋葱等果菜类，天津金凤花股份有限公司生产的马铃薯挑选平台（图 6-1），通过链条驱动不锈钢滚杠平输运转，每根滚杠通过轨道摩擦自转，带动马铃薯 360° 旋转，确保挑出全部坏薯。作业效率 5~15 t/h，可根据用户需求进行定制。

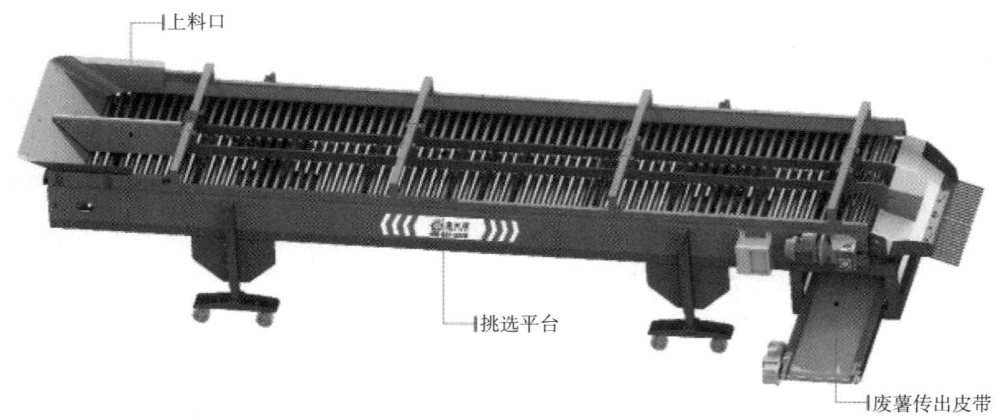

图 6-1　马铃薯挑选平台

6.2.2　蔬菜预冷设备

蔬菜收获后，将其温度急速地下降到规定的温度，这种保鲜措施叫作预冷。预冷能有效减少蔬菜腐烂，延长蔬菜供应时间，保证上市的蔬菜新鲜且品质一致。

1. 强制通风预冷设施

强制通风预冷是以冷风为介质，冷风从管道吹出后，在容器四周强制对流，将蔬菜温度下降到 10 ℃左右的保鲜措施。库房也可以作低温贮藏库使用（图 6-2）。此法的缺点是需要的冷却时间长，均匀性差。使用的主要设备有压缩式制冷机、风机、阀门和输送管道等。由于方法简单，使用方便，强制通风预冷方法在国内外被普遍应用。

图 6-2　预冷库

2. 差压通风预冷设备

从原理上说，与强制通风预冷相似。但它是在压差的作用下将冷风通过放置在水彩容器壁上的通气孔，直接与蔬菜进行热交换。其冷却时间为强制通风预冷的 1/5~1/2，冷风由冷却器的排出口出来后，在库内形成高压区，通过容器孔进入箱内与蔬菜进行热交换，然后从箱内出来到低压区，又进入冷却器。这种方法设备简单、能耗低、冷却速度快，有广泛的发展前途。

3. 真空预冷设备

把蔬菜放入不透气的密闭室内，用真空泵将室内的气体抽出，室内压力下降，蔬菜水分也随之蒸发，其潜热也随之散发，在 20~30 min 内，蔬菜温度可从 25 ℃降到 3~4 ℃。

这种方法冷却速度快，适用于叶菜类的预冷，但是使用技术复杂，一次性投资大。

除上述方法外，还有冷水预冷，利用冷水浸、淋、喷蔬菜。这种方法时间短、效果好；但浸后很难甩干蔬菜上的水分，易导致蔬菜霉烂变质。

6.2.3 蔬菜清洗设备

根据蔬菜的种类，蔬菜清洗机大致分为两类：一是用于清洗根茎类蔬菜的清洗机，如白萝卜、胡萝卜、红萝卜、马铃薯、大白菜、包菜、红薯、甘蓝、芋头、甜菜和生姜等；二是用于清洗叶菜类蔬菜的清洗机，如菠菜、韭菜、小青菜、香菜、小白菜等以及蘑菇、黄瓜、茄子和辣椒等表面易擦伤的蔬菜。

根据清洗方式，蔬菜清洗设备也可分为机械水洗和机械干洗。机械清洗是用传送带将蔬菜送入洗涤池，喷淋洗涤液，通过一排转动的毛刷，将蔬菜洗净，再用清水冲淋干净，将蔬菜表面水分吸干，并通过烘干装置将蔬菜表面水分烘干。机械干洗是通过毛刷等快速清除蔬菜表面泥土，达到快速除杂的目的。

天津金凤花股份有限公司生产的马铃薯干洗设备（图 6-3），通过毛刷自旋转，清除马铃薯表皮泥土，作业效率在 7~10 t/h。

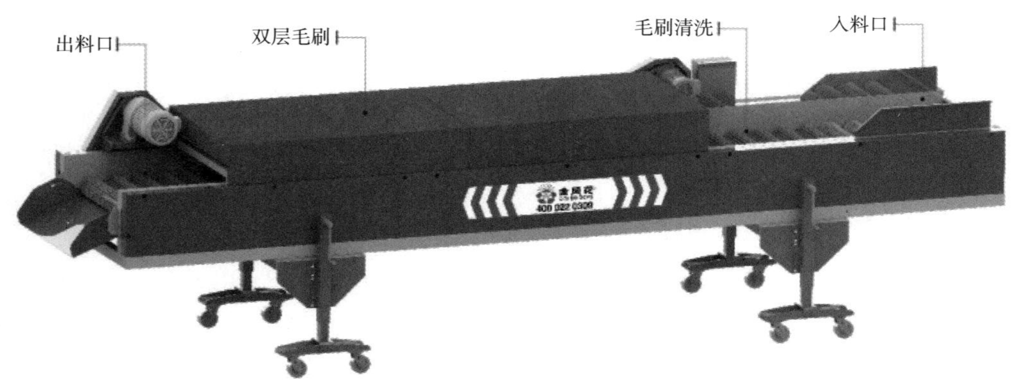

图 6-3　马铃薯干洗设备

6.2.4 蔬菜分级机械

我国蔬菜分级机械以机械式分级机为主，包括滚筒筛式、辊轴式等。

1. 滚筒筛式分级机

滚筒筛式分选机的滚筒上有圆形孔。物料从一端喂入，在滚筒筛表面运动，并落入滚筒筛的筛孔后，尺寸小于筛孔的物料穿过筛孔进入筒内，从侧向排出，尺寸大于筛孔的物料则被筛孔带动作回转运动，在滚筒筛上方排出，物料被分成两级。要使物料分成多级，可将多个不同筛孔大小的滚筒平行配置。

2. 辊轴分级机

辊轴式分选机适用于马铃薯等近似球形的蔬菜的分级，其主要特点是分级快，损伤少。

分级作业是在一条由许多辊轴组成的输送带上进行的，辊轴开有梯形槽，相邻两辊轴间装有一根能升降的辊轴，这样三根辊轴形成两组分级口。辊轴一边自转，一边随输送带前进，同时，由于中间辊轴的上下位置受到轨道控制而不断升起，分级口不断加大。进入分级口的物料受辊轴自转的影响而转动，使其能以最小直径对准分级口，当物料直径小于某一分级口时，即从此分级口下落；不能通过分级口的物料，则随输送带向前运动，直至中间辊轴上升到分级口大于其最小值时下落。这样，在出料输送带不同位置上可以获得不同等级的物料。

6.2.5 蔬菜贮藏保鲜技术及设备

蔬菜收获后的一段时间内仍然保有生命力。因此，它必然要进行呼吸来维持新陈代谢，从而导致蔬菜的外观和内在的品质下降，最终失去食用价值。为了抑制这一生理过程，保持蔬菜的原有品质，销售商采用了多种保鲜技术，如预冷保鲜、库窖贮藏保鲜、气调保鲜、化学保鲜及低压保鲜等。但广为应用的手段还是将果蔬放置于低温状态下来保鲜，即将其自然温度下降到 0~10 ℃，进行长期贮藏且保持蔬菜品质不变，待淡季供应市场。

蔬菜贮藏是保持蔬菜鲜嫩的措施。贮藏使蔬菜在长时间内保持品质不变化，以延长上市期。国外果蔬保鲜以冷藏为主。

产品收获后，在产地预冷，然后用冷藏车运输、冷库贮藏、冷柜销售，形成一个冷链系统：但这种方法投资大，成本高。我国近期在发展冷库保鲜的同时，仍应以常温传统方法贮藏为主。

1. 常温库（或窖）

将蔬菜贮藏于建设好的窖内。建窖地址一般选择空气流通，地下水位较低的地方。根据贮藏原理，蔬菜入窖后应在稳定低温、通风良好的环境下藏，方便散发因呼吸所产生的热量。在北方冬季窖内，温度一般应保持在 0~5 ℃，依靠通风装置调节内部温度，常温库（窖）贮藏法是我国北方地区应用最为广泛的一种蔬菜贮藏保鲜方法。

2. 冷库

低温贮藏保鲜是目前国内外研究得最多、最完善的方法。冷藏是在有良好隔热性能的库房中设置冷却机械设备，冷库贮藏要求在蔬菜采收后立即进行预冷，用保温车运送出售或送入冷库（图 6-4）贮藏保鲜，在冷库内放有棚架，蔬菜放在棚架上，或将装蔬菜的容器直接码垛在冷库内，让冷风在库内自然对流以达到贮藏的目的。库内的温度应根据不同种类蔬菜的要求进行调节。

图 6-4　冷库

机械制冷是借助制冷剂在循环不已的气态液态互变过程中把贮藏库内的热传递

到库外而使库内温度降低，并不断移除库内蔬菜所产生的热量而维持库内恒定的温度。冷库由于隔热和密闭性能好，对制冷剂产生的冷量起到最佳的保存效果，使冷气在库内发挥最大的作用。采后的新鲜蔬菜继续进行生命活动，能量以热的形式释放，释放量视蔬菜种类和环境条件的变化而有不同。在冷库中，贮藏蔬菜的呼吸热，由外界通过墙壁、天花板和地面传入库中的热，以及照明、电扇、工作人员活动所产生的热量等，都需要不断地排出以维持库内适当的低温，这些热量都是制冷系统的热负荷。

依据不同种类蔬菜贮藏的要求，进行人工控制温度，给予蔬菜适宜的贮藏条件的保鲜手段，冷藏可大大延长蔬菜的贮藏寿命，不受地区和季节限制，一年四季均可贮藏产品。冷库可根据不同蔬菜的要求，调节、控制不同贮藏温度，因此对蔬菜适应范围大，可广泛应用于各种蔬菜。但因其对房保温防潮等条件要求高，建造费用较高；再加上要求制冷系统的配备，故投资较高。因此，在修建之前对地址的选择、库房的设计、制冷系统的选择安装、库房的容量、附属部门的安排等都应仔细考虑，同时也要注意到今后发展的可能性。

3. 气调贮藏库

气调法是在低温密封贮藏环境中，调节空气成分达到保鲜贮藏目的的方法。一般蔬菜在空气成分为氮气 78%、氧气 21%、二氧化碳 0.3%的环境条件下可进行正常的呼吸作用。若在适宜的温度下，改变蔬菜贮存环境的气体成分，创造一个二氧化碳较多、氧气较少的环境，蔬菜呼吸作用则受到抑制，新陈代谢速度减缓，蔬菜鲜度能够得到有效保持，蔬菜在运离贮藏库后，仍然有较长的货架寿命，保鲜时间可达 3~6 个月之久。

气调贮藏库主要设施由保温并且气密性良好的库体和气体调节、测定系统组成。气体调节系统主要由制氮机（氮气源）和液态二氧化碳气源组成，通过库内气体调节系统的气体循环，将氧和二氧化碳浓度控制在规定范围内。制氢机有两类：一种是燃烧式，利用燃料燃烧消耗空气中的氧气；另一种是分子筛式，利用分子筛吸附方式将氧气从空气中分离。

当蔬菜放入库内后，密封库门，开动制氮机，使氧气浓度快速下降，同时补充二氧化碳，使其浓度逐渐增加，并根据不同蔬菜的需要，调整库内氧气和二氧化碳的含量。此种方法可用计算机控制，使蔬菜自始至终都处在适宜的氧气和二氧化碳浓度的环境中。控制条件越好，贮藏效果就越好。此种方法自动化程度高，管理方便，但成本高。因气体循环或排气会造成蔬菜失水，因此应注意在进气系统中加湿。

4. 机械冷藏库加塑料气调帐

塑料薄膜良好的气密性为蔬菜气调贮藏开辟了降低成本的新途径。用塑料薄膜作封闭材料，既能达到气调贮藏对气密性的要求，又较气调库机动灵活，大小随便，也不受气压变化的影响，并且价格低廉。目前此种方法应用较多。一般将贮藏的蔬菜装筐或装箱，堆成长方形或码放在架子上，采用 0.1~0.2 mm 厚的聚乙烯薄膜做成与蔬菜垛大小相符的塑料薄膜帐。贮藏时先在垛底或架底铺垫同样的薄膜，再码垛或放蔬菜架。摆放好后，罩上薄膜帐，将帐子周边与帐底薄膜的四边叠卷、压紧即可，塑料气调帐上还预先做好调气口和采气口，密封后可将制氮机的出口与调气口连接，可循环调气，也可开放调气，为了能较快地将二氧化碳浓度升到规定浓度，可直接通过调气口补充二氧化碳或放一定量的干冰，并停止调气。由于蔬菜的呼吸作用，帐内二氧化碳浓度升高，氧气浓度不断下降。当氧气浓度降到规定的浓度下限、二氧化碳浓度升到规定的浓度上限时就要再调气，使氧气浓度达到规定的浓度上限、二氧化碳浓度达到规定的浓度下限，这样使帐内气体维持在规定的浓度范围内。

贮藏对二氧化碳较敏感的蔬菜时，可在垫底薄膜上撒一层消石灰，以吸收蔬菜呼吸所产生的二氧化碳。对乙烯敏感的蔬菜，要在贮藏垛中夹放用饱和高锰酸钾溶液浸泡过的砖块或其他乙烯吸收剂，以吸收蔬菜释放的乙烯。

5. 薄膜包装贮藏

薄膜包装贮藏是利用蔬菜自身的呼吸作用来降低贮藏环境的氧气浓度和提高二氧化碳浓度的一种方法，不需要特殊的调气设备。它利用薄膜的低透气性使包装袋内维持一定浓度的氧气和二氧化碳，达到延长保鲜期的目的。薄膜包装有大包装和小包装之分，大包装一般 10~25 kg，也可做成塑料帐的形式，利用蔬菜呼吸作用自然降氧进行贮藏；小包装最小的是单个包装，如青椒等。一般薄膜包装越小效果越好，但大量贮藏时小包装较费工。塑料帐简易气调和大包装袋简易气调贮藏期间要定时换气，以防止过高二氧化碳和超低氧环境对蔬菜的伤害。薄膜包装除具有气调作用外，还具有保水作用，并有助于保护蔬菜防止机械损伤。薄膜包装材料来源广泛，制造简单保存方便，费用低。应注意的是薄膜包装贮藏一定要在适宜的温度下才能取得良好的贮藏效果，温度过高，易导致袋内缺氧，形成无氧呼吸，大大降低贮藏效果。

不同种类的蔬菜对气调贮藏的反应不同，同一种类、不同品种蔬菜的反应也有较大差异，即使适合气调贮藏的蔬菜种类，不同品种间适宜的气调条件也各有不同。因此，在应用气调贮藏时，先要考虑贮藏的蔬菜是否适宜气调贮藏，该品种的蔬菜所需的气调贮藏的适宜浓度是多少，然后再依蔬菜自身的要求，选择适宜的材料、方法，创造其适宜的气体环境，以取得良好的贮藏效果。

6. 减压贮藏

减压贮藏是低温与低压相结合的贮藏方法，可分为定压减压贮藏和差压减压贮藏两种。

1）定压减压贮藏

定压减压贮藏是将蔬菜放入密闭的容器内，使容器内部的气压保持在低于大气压的某一确定的压力下，同时保持最合适的温度进行贮藏的方法。在低压下，氧气以及其他气体的分压下降，从而具有气调法贮藏的效果，但水蒸气分压也下降，水分蒸发加快，需要有增湿装置。这种贮藏法所采用的设备有气容贮藏室、冷却装置、加湿装置、真空泵和控制压力装置及其附属装置等。

2）差压减压贮藏

差压减压贮藏与定压贮藏不同的是，密封贮藏室内具有变化的压力。预先给定两个低压 P_1 和 P_2，真空泵将室内的压力降至 P_2 即停止运转。这时由于内外压力差，室外气体慢慢由进气口进入室内，当压力升高至 P_1 时，真空泵再次启动进行排气，使其压力恢复至 P_2。真空泵的开关与 P_1 和 P_2 相对应，压力调节器控制真空泵的电磁开关，贮藏室内压力保持在 P_1 和 P_2 之间，这样可使室内贮藏的蔬菜既处于低压控制又可换气。这种方法导入的空气易使蔬菜的水分饱和，无须另外加湿。

7. 堆放通风贮藏

堆放通风贮藏又称间歇换气堆放通风贮藏，主要原理是在低温下，利用蔬菜的呼吸蒸腾作用得到高湿度和高浓度二氧化碳的环境来抑制蔬菜的呼吸与蒸腾，并通过适宜的换气，除去乙烯等有害气体。堆放通风贮藏的设施由贮藏室、软管、风门、风机及控制机构组成，整个装置密闭不透气，内部空气进行循环与换气。换气时，进气门与排气门在电磁阀的作用下打开，室内进入新鲜空气，装置内进行空气循环时，各气门关闭。除换气与循环外，内部空气处于不流动的状态。整个过程按照换气—循环—停止这样的周期进行。

综上所述，蔬菜贮藏保鲜的方法很多，应因地制宜地采用。随着科学技术的发展，人民生活水平的提高，先进的蔬菜贮藏保鲜方法必将受到广泛重视和应用。

6.2.6 蔬菜包装机

蔬菜包装机（图 6-5）适用于覆膜包装各类蔬菜，如芹菜、生菜、韭菜、莴笋、香菜、大葱、莴苣、萝卜、菠菜、芥菜、白菜、青菜、救心菜、菠菜、葱等。主要用于超市等零售市场。

图 6-5 蔬菜包装机

还有专门用于灌装马铃薯的装袋机械，利用皮带输送，通过隔板使马铃薯分别进入不同包装口，每个包装口都可独立开放、关闭，灌装马铃薯的过程中，整个输送环节不会停止，以保证提高包装效率（图 6-6）。

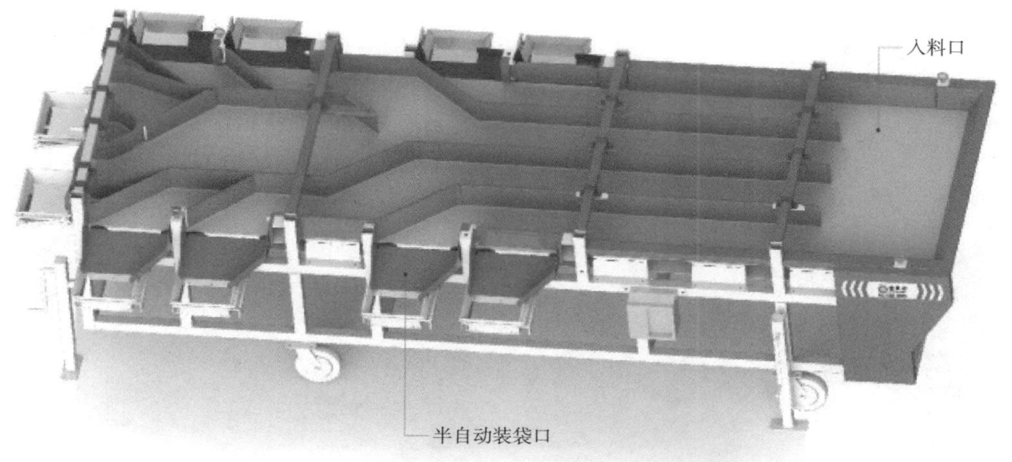

图 6-6　马铃薯装袋机

6.2.7　蔬菜废弃物处理设备

蔬菜废弃物是指在蔬菜生产及收获、贮存、销售、加工等过程中被丢弃的无商品价值的根、茎、叶、烂果及尾菜等。蔬菜废弃物主要来自蔬菜种植地、蔬菜集散地、蔬菜加工地、菜市场、餐饮行业、家庭等。

蔬菜废弃物肥料化技术一般采用堆肥好氧发酵技术。堆肥可以通过高温发酵对蔬菜废弃物进行无害化处理，有效控制有害病原菌的传播，并将废弃物转化为肥料，是蔬菜废弃物无害化处理和资源化利用的有效途径。

1. 条垛式堆肥技术

将蔬菜废弃物、畜禽粪便、玉米秸秆等混合（比例约为 5：2：3），通过粉碎机、翻斗小车将物料混合均匀。在空旷处，地面铺设防渗透膜，膜上覆盖 0.3 m 厚土层，避免机械操作损坏底层防渗膜，防渗层的四周采用无缝焊接技术，建设 1.5 m 高的不锈钢防溢出围栏，避免发酵物料的溢出，然后物料上方用塑料布进行密封，也可以直接在路面将物料堆成长条状堆垛，覆盖薄膜进行发酵（图 6-7、图 6-8）。该技术简便易行，操作简单，堆垛长度可根据粪便量自由调节，所用到的机具也比较简单，粉碎机和翻斗小车即可。缺点是：堆垛高度通常为 1~1.2 m，因此占地面积相对较大，并且堆垛发酵和腐熟较慢，堆肥周期长（为了缩短发酵时间，添加生物菌剂等），同时发酵过程中需要用到鼓风机进行换气，塑料布也不能将有害气体隔离，容易造成环境污染。

图 6-7　条垛池发酵

图 6-8　简易条垛发酵

2. 碳重生智能处理设备（图 6-9）

在处理前对蔬菜废弃物进行粉碎处理，然后将物料投放到反应设备中，同时在设备中添加利用微生物代谢产物的复合酶制剂，设备采用智能控制，可以进行多种数据源的融合和分析，占地较少，温室气体排放极少，并且处理设备可以移动，但是处理成本较高，处理 1 t 所需要的酶制剂大约需要 300 元。

图 6-9　碳重生处理设备

3. 生物处理机（图 6-10）

生物处理机占地空间较小，并且可以移动，日处理量 50~500 kg，处理过程全封闭，控制系统采用的是自动闭环控制，排放气体达到环保等级，现已在菜市场、社区、学校、动物园等多个地点进行使用，效果良好。但是投资较大，一套设备从十几万元到几十万元，并且在蔬菜废弃物产生量较大的农业园区，因处理效率问题，蔬菜废弃物会得不到及时处理。

4. 反应器系统

反应器系统是立式好氧发酵设备（图 6-11），设备容积 12 m³，由多层曝气系统、保温结构、除臭系统、自动化控制系统和搅拌主轴动力系统等组成。发酵过程全封闭，无须辅料或少用辅料，占地小，快速无害化，无二次污染，但是整套设备成本较高。

图 6-10　生物处理机

图 6-11　立式好氧发酵设备

5. 膜堆肥发酵

膜堆肥发酵是静态垛发酵的优化升级，它是指高温好氧发酵过程在功能膜（半透性柔性复合膜）覆盖的环境中进行，控制料堆与周围环境的物质与能量交换，使料堆排放的污染物（臭气、气溶胶）浓度低于规定的限值。高分子纳米膜是经多道工序制成孔径为纳米级的选择透过性纳米膜，允许水蒸气、二氧化碳等小于膜孔径的物质透过，并将异味气体、病原菌、灰尘等超过膜孔径的物质截留在膜内。该套设备整体能耗低，处理量大，操作简便、运行成本低，造价相对较低、设计、施工、安装周期短，尤其在应对突发环境问题的解决上，不需要专门除臭系统，可节省大量投资和运行成本。该技术已应用到畜禽粪便、生活垃圾、污泥等固体废弃物的处理上，反映良好，具有较好的应用前景。图 6-12 所示为高分子纳米膜堆肥系统。

图 6-12　高分子纳米膜堆肥系统

第 7 章　蔬菜智能农业技术与装备

7.1　蔬菜智能农业技术概况

当前，智能农业技术以其数字化、精准化、高效化的特点，成为引领农业走向可持续和现代化道路的关键因素，已经成为推动我国农业生产发展的核心力量。智能农业技术针对蔬菜种植的多样性、复杂性，在提高蔬菜生产效率、品质等方面显示出了巨大的潜力。智能农业技术通过将传感器、监控设备、无人机等尖端技术进行集成，并紧密结合蔬菜生产，实现智能化管理，实时监控蔬菜种植全链条。这一技术不仅可以对种植环境数据、作物生长状态等信息进行实时采集和分析，而且蔬菜生产、产品质量等方面的整体效能也将得到有效提升。本章围绕蔬菜生产过程中发挥重要作用的几项关键智能技术装备，将智能农业技术及其装备有效应用于蔬菜种植生产。这些技术包括但不限于：农业设施的环境控制技术、机器人的除草技术、机器人的采摘技术等。

7.1.1　蔬菜智能农业技术现状

当前，我国的蔬菜生产正处于从传统的分散式个体经营向集约化、规模化生产转型的关键时期。这一转变伴随着生产模式的革新，即从以露天种植为主、设施化栽培为辅的模式，逐步过渡到全面设施化的生产方式。然而，由于种植工艺、技术装备和管理设施的标准不一，综合机械化率不足 40%，智能化技术的应用也呈现出明显的不均衡现象。

幸运的是，随着国内大数据和智能化技术的快速发展与普及，蔬菜生产的智能化应用已经成为推动产业升级的重要力量。它既是促进蔬菜生产向自动化、可持续发展方向迈进的催化剂，又是蔬菜种植、生产过程中的利器。智能农业技术正在蔬菜生产的各个环节中不断注入新的活力。如苗床备耕阶段，采用激光和 GPS 定位的平地技术，在节约灌溉用水 30%~50%的同时，作业效率可提高 20%。苗床土壤养分通过遥感技术和地理信息系统（GIS）的精确获取和分析，保证了高效、高精度、低能耗的生产过程。智能农业技术在植物保护、精准施用水肥等方面也显示出了不俗的潜力。无人机施药、智能遥控、气象导航、机器人杂草识别系统的应用，在极大提高施药效率的同时，也更加符合绿色环保的要求，使农药、肥料的流控更加精准，实现了对目标的定点施药。

7.1.2　蔬菜智能农业技术前景展望

随着大数据与人工智能的发展，智能农业技术已经成为现代农业发展的重要趋势。在蔬菜种植领域，智能农业技术的应用前景尤为广阔，将极大地推动蔬菜产业的升级与转型。以下是对蔬菜智能农业技术前景的详细展望。

1. 提高蔬菜生产效率与品质

智能农业是利用物联网、大数据以及 AI 等先进科技，达到对蔬菜生长状况的准确监控与调节的一种现代农业技术。在农业生产过程中主要运用这些技术来打造智慧农业系统，使农业生产做到心中有数。智能传感器能对土壤湿度、温度、光照、二氧化碳浓度等各方面关键参数进行实时采集与分析，利用大数据技术为蔬菜创造最好的生长条件，同时智能控制系统能根据蔬菜生长情况对水肥气进行自动调节，保证蔬菜能在最佳环境状态下生长，从而显著提高蔬菜产量与品质，满足市场对高品质蔬菜的高要求，从总体上提高农业生产效率。因此，智能农业的发展具有十分重大的意义。

2. 降低生产成本与人力投入

传统蔬菜种植在人力投入上大费周章，从播种到收获各个环节均要耗费大量的人力；随着智能农业技术的日益普及，以智能农机装备为主的智慧农业方式将大大节省人力成本；如智能播种机、智能喷药机、智能收割机等装备的应用，通过自动化作业降低人力投入；另外，通过智能农业技术的应用，也能做到精确施肥和喷药，在减少化肥农药的使用量的同时，生产成本有较大幅度的降低；因此，在智慧农业的引领下，传统蔬菜种植的人力投入将会大大下降。同时，这也将带来更高的生产效益。

3. 促进蔬菜产业的可持续发展

应用智能农业技术，对蔬菜产业的可持续发展有正面的帮助作用，主要有三个方面：一是提高蔬菜的产出量及优质率，从而满足消费者日益增长的需求；二是能够减少化肥农药的施放量及农业面源污染，减少环境污染；三是能够提高智能农业技术的运用水平，实现对蔬菜生产全过程的实时监控和追溯，保证蔬菜质量安全，提高消费者的信任度和满意度。因此，智能农业技术的应用对蔬菜产业的可持续发展意义重大。

4. 推动蔬菜产业的创新与发展

应用智能农业技术，对蔬菜产业的发展将起到很大的推动作用。一是促进蔬菜种植技术的革新，如智能温室的创建应用无土栽培、立体种植等技术；二是促进蔬菜产业转型升级，使之向高效智能绿色品牌化方向发展。另外，智能农业技术对蔬菜产业的融合发展也将起到一定的促进作用，比如与旅游业、文化产业等相结合，在打造具有地方特色的蔬菜品牌的同时，也提高了蔬菜的附加值。

5. 面临的挑战与对策

蔬菜智能农业技术的应用前景广阔，但在实际运用过程中也面临着一定的挑战，主要有以下几个方面。首先，智能农业技术的研发成本较高，对政府、企业等各方面都有要求。其次智能农业技术的推广应用对农民的科技素质和操作技能要求较高。另外，由于数据安全和隐私保护等问题的日益突出，在智能农业技术的运用上同样需要引起足够的重视。针对上述挑战，为促进蔬菜智能农业技术的可持续发展，政府要加大力度。一方面加大研发和推广应用力度，在提高农民科技素质和操作技能的同时，对促进数据安全和隐私保护技术的研究与运用进行重点支持；另一方面加大培训力度，在提高农民科技素质的基础上，有针对性地开展培训。

7.2 智能农业技术机械

7.2.1 设施农业环境控制技术与设备

设施农业环境控制是指在现代农业生产中，运用化学、物理学和机械学的原理，结合工程技术和智能化手段，通过一系列设备和技术措施，为植物创造一个优质的生长环境。这种环境控制旨在超越自然条件的限制，实现农作物的高产、优质和高效生产。

设施农业环境控制技术的特点在于其高度技术化、科学化的生产过程、集约化的管理模式以及现代化的管理方法。在播种前，设施农业环境控制涉及多种技术和设备的运用，包括但不限于：气调贮藏（通过控制贮藏空间内的气体成分比例，延长农产品的保鲜期）、光照控制（使用人工光源或者遮光设备，调节植物接收的光照强度和时长，以满足不同生长阶段的需要）、二氧化碳浓度传感器（监测和调节温室内二氧化碳浓度，促进植物的光合作用）、pH 测量仪（检测土壤或水培液的酸碱度，确保植物根系环境的最适 pH 值）。

常用的设施农业环境控制设备主要包括：光照调控设备、降温保温设备、灌溉控制系统、施肥系统设备等，通过这些设备的协同作用，农业设施环境控制能够为植物提供一个理想的生长环境，从而显著提高农作物的产量和品质，同时也提升了农业生产的效率和可持续性。

1. 常见光照调控设备

LED（Light Emitting Diode）植物光照灯（图 7-1），用于构建智能温室光照系统。LED 植物光照灯的研发基于对植物光合作用和生长发育机制的深入研究，这些灯不仅能够发射出单一波长的光，如红色、橙色、黄色、绿色、蓝色和红外线等，还能够根据不同植物和不同生长阶段的需求，灵活组合不同的光谱。

图 7-1　LED 植物光照灯

此外，LED 植物光照灯具有低发热量的特点，属于冷光源，这有助于减少能源消耗，并且由于其精准的光照调控，可以减少农药和激素等化学物质的使用，从而保障蔬菜食品的安全和质量。具体信息如表 7-1 所示。

表 7-1　主要蔬菜的适宜光源

名称	适宜光源
生菜	红蓝光配比 6：1 的光源适合其生长
韭菜	红蓝光配比 7：1 的光源适合其生长
黄瓜	红蓝光配比 7：1 的光源适合其生长
青菜	红蓝光配比 7：1 的光源适合其生长
白萝卜	红蓝光配比 8：1 的光源适合其生长
西红柿	红蓝光配比 9：1 的光源适合其生长
莜麦菜	红蓝光配比 9：1 的光源适合其生长
芽苗菜	红绿蓝光配比 6：2：1 的光源适合其生长

智能温室光照控制系统是利用先进传感器自动监测温室内光照强度和光谱分布等重要环境参数，通过中央控制器对数据进行快速处理分析，满足植物在不同生长

阶段所需的特定光照需求，从而实现农业生产智能化管理的一种高科技农业生产辅助系统（图 7-2）。主要工作原理如下：利用高灵敏度的传感器实时监测温室内的光照强度和光谱分布等关键参数，传感器采集到的环境数据被迅速传输至中央控制器进行数据分析和处理，根据植物的生长阶段和特定的光照需求，控制器对温室内的光照环境进行智能调节和控制。对分析结果进行分析后，控制器将发出指令，对 LED 灯具的亮度、光谱组成及工作时间进行自动调节，以求创造出最适合植物生长的光照环境。

图 7-2　智能温室光照控制系统

这套智能系统可以不断从植物那里得到反馈和生长效应的信号，并以此为依据不断学习并调整灯光策略，使光线条件得到持续优化，使作物在整个生长发育过程中都能得到比较理想的光照条件，从而有效提高蔬菜的产量和质量。除此之外，智能温室光照控制系统还能节省大量的能源消耗和生产成本，是实现现代农业高效节能可持续生产的一项重要技术措施。

2. 降温保温设备

1）降温设备

随着人工智能快速发展，智能化系统开始对如今的湿帘降温、遮阳降温、弥雾降温等降温设备进行升级迭代。

a. 湿帘降温

在设施农业中，湿帘降温系统是一种夏季常用的降温技术，它通过蒸发冷却原理有效地降低温室内部的温度。这种系统通常被称为湿帘-风机降温系统（图 7-3），其核心组件有湿帘箱、湿帘（图 7-4）、循环水系统（图 7-5）、轴流风机（图 7-6）、智能控制系统等。湿帘箱是一个装载湿帘材料的容器，通常位于温室的一侧，作为空气进入的过滤层；湿帘由箱体（支撑和固定湿帘的框架结构）、湿帘材料（目前常用的湿帘材料包括白杨木细刨花、瓦楞纸和聚氯乙烯（PVC）等）、布水管和集水器等部分构成；循环水系统负责将水均匀地分配到湿帘上，保持湿帘的湿润状态，以便于蒸发冷却过程的进行；轴流风机，安装在温室的另一侧，任务是将热空气从温室内部抽出，同时吸入经过湿帘冷却的新鲜空气；智能控制系统通过温室环境采集系统（图 7-7）监控温室内的温度和湿度，根据预设的条件自动调节湿帘的水流和风机的运行，以达到最佳的降温效果。

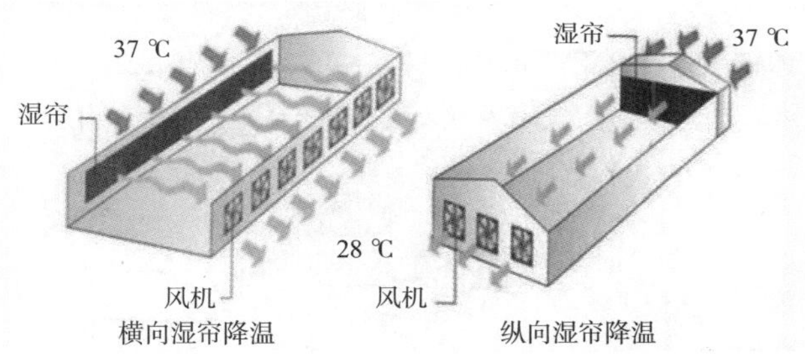

图 7-3　湿帘-风机降温系统

湿帘-风机降温系统通过这种高效的蒸发冷却方式，不仅能够为农作物提供一个舒适的生长环境，还能减少能源消耗，是现代温室农业中不可或缺的节能技术之一。

图 7-4　湿帘

图 7-5　循环水系统

图 7-6　轴流风机

图 7-7　温室环境采集系统

b. 遮阳降温

遮阳降温的原理就是通过在温室的内部或温室的上方设置遮阳网或遮阳幕布，减少进入温室内热量，来达到降低室内温度的目的。

覆盖遮阳网（图 7-8）是夏季温室大棚降温的一种常用且有效的方法，在温室大棚的顶部或四周覆盖遮阳网，可以有效遮挡阳光，减少热量进入温室内部。遮阳网有不同的遮阳率，可以根据作物对光照的需求和当地的气候条件来选择适合的遮阳网。

图 7-8　温室遮阳网

遮阳幕布（图 7-9）也可以遮挡阳光，降低温室内部的温度。遮阳幕布通常安装在温室大棚的顶部，智能控制系统通过监控温室内的温湿度，根据预设的条件自动调节遮阳幕布的开合程度来控制光照和温度，以达到最佳的降温效果。这种方法适用于需要精确控制光照和温度的温室大棚。温室大棚内遮阳保温幕布一般选择铝箔内遮阳保温幕布，这种幕布由铝箔加聚酯膜经高强度聚酯纱线编织而成，具有辐射反射和透射功能，能够反光遮阳、控制光照，节能效果好。

图 7-9　遮阳幕布

c. 弥雾降温

弥雾降温是在温室大棚内部安装雾化喷头，使雾化降温技术达到蒸发降温效果的一种降温方式。当温室内部温度升高，湿度不足时，系统启动喷雾功能，以极小的雾粒形式，将水均匀地喷洒到空气中，喷出的雾粒直径可以只有 10 μm，并与空气迅速接触、汽化。雾粒会在汽化的过程中将周围的热量吸收掉，从而使温室中的空气温度得到有效降低。这种降温方式的特点是速度快，效率高，可以为植物提供最佳的生长环境条件，实现温度的均匀分布。

喷淋降温系统（图 7-10）主要由水过滤装置（用于保证水源清洁、防止喷头堵塞）、高压水泵（为向管路输送水压提供动力）、高压管道（接上喷头向指定位置输送水）、旋芯式喷头（将水雾化，使水雾粒形成细小的雾状颗粒）等组成。全系统协同作战，通过智能控制系统实时监测并精确控制温室大棚内环境。

图 7-10　喷淋降温系统

2）保温增温设备

温室大棚实现保温增温，其核心在于供热系统与墙体保温的有机结合，为农作物提供稳定的生长环境。尤其在低温季节，在这一体系中保温材料的选择与应用发挥着至关重要的作用。传统保温材料如聚苯乙烯泡沫塑料、玻璃棉和岩棉等，凭借其轻质、耐腐蚀等显著特点，有效降低了能源消耗，同时确保了温室内部的温度稳定。随着科技进步，现代温室大棚引入更为先进的保温材料，如发泡聚氨酯等。这类新型材料在保护环境、为可持续农业发展贡献力量的同时，保温性能也有所提高。

在智能化技术发展的推动下，实现精准保温的关键在于温室大棚配备了智能化的温室控制系统。该系统集信号采集、中央处理、自动控制三大模块于一身。传感网络对温室大棚内的温度、湿度、光照强度、土壤湿度等各种环境参数进行实时监控，并将这些数据实时传输到中心电脑，经过智能算法分析处理后，系统将自动调节温室设备的运行状态，并根据预设的生长模型和环境要求，确保大棚内环境始终保持在最适宜作物生长的状态。另外，智能温室控制系统还具有更加便捷的农业生产管理功能及高效的远程监测和故障预警功能。农户可以通过手机或电脑，及时调整温室大棚的运行情况，实现精细化管理，无论何时何地，都能做到心中有数。例如：智能甲醇燃烧农业大棚热风炉（图 7-11），按不同农作物品种的生长需要，设置温室大棚内温度，达到增温快、控温准等自动运行功能，并且智能检测实时显示温室大棚内的温度、二氧化碳浓度、湿度等数据信息。

图 7-11　智能甲醇燃烧农业大棚热风炉

3. 灌溉控制系统

智能灌溉控制系统（图 7-12）设备主要包括以下几个部分。①传感器（Sensor）。传感器用于采集环境参数，如土壤湿度、温度、光照等。这些传感器可以对农田的环境状况进行实时监测，为灌溉决策提供数据保障。②控制器。控制器作为智能灌溉控制系统的核心部分，能够自动控制灌溉系统的开关，并根据传感器收集到的数据进行精确灌溉。控制器一般采用具有数据处理和控制功能的微处理器或单片机作为控制芯片。③控制执行器。常用的控制执行器有电磁阀、抽水机、喷头等。④云平台（图 7-13）。传感器收集到的数据，通过无线传输技术向云平台进行传输。云平台可以对数据进行存储、分析和处理，为农民提供决策支持，帮助他们更好地了解作物生长状况，预测产量，从而制定更合理的种植计划。

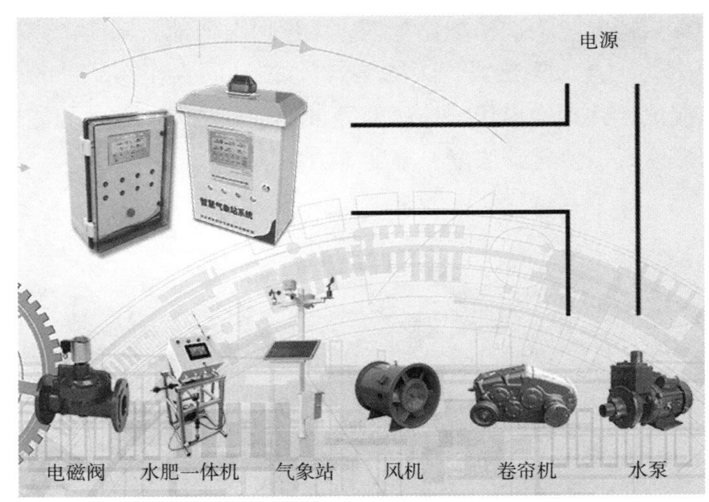

图 7-12　智能灌溉系统构成图

智能灌溉控制系统工作原理如下。传感器对环境参数如土壤湿度、温度、光照等进行采集。控制器接收传感器数据，并根据预设的灌溉计划和蔬菜所需的用水要求控制灌溉系统的开关状态。控制器发出指令，控制执行器（如电磁阀、水泵、喷头等）自动开启（或关闭）灌溉设备，灌溉设备开工，灌溉农田里的蔬菜。灌水结束后，控制器根据传感器收集到的数据计算下一次灌水的时间和水量，并等待下一次灌水指令的下达。

智能灌溉控制系统在蔬菜生产中具有如下优势。①精确灌溉：智能灌溉控制系统通过传感器和数据分析，避免传统灌溉方式的盲目性，有效节约水资源，可根据蔬菜的用水要求，实时监测土壤湿度、养分状况，精确供水。②自动化经营：该系统能对灌溉计划进行预设并自动实施灌溉作业，使人工干预需求大幅降低，人力成本也随之降低。农户可随时调整灌溉计划，通过互联网和移动设备对灌溉系统进行远程监控和控制，保证蔬菜及时获得适量水分。

4. 施肥系统设备

现代农业生产中，施肥设备起着举足轻重的作用，既能提高施肥效率，又能保证肥料的均匀分布，从而促进作物的健康生长。目前国内智能施肥设备主要有精准变量施肥设备（图 7-14）和智能水肥一体化施肥设备，可以实现精准计量智能施肥，对作物生长过程中的土壤肥力有较为精确的把握，还可以根据作物生长阶段的不同智能调整施肥量。

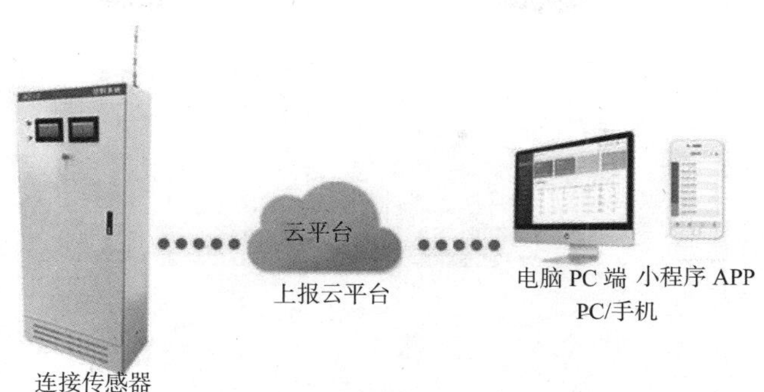

图 7-13　智能灌溉系统云处理

图 7-14　精准变量施肥机

精准变量施肥是基于处方图（7-15）实现变量施肥控制。在系统自动工作模式中，系统将 GPS 信号读入微处理器，处理得到机具作业速度以及经纬度，通过计算经纬度得出施肥机所在的操作单位网格；然后查询对应该操作单元的施肥决策，并在显示屏实时显示当前位置、行车速度和施肥量；最后通过施肥计算公式计算所需的步进电机转数，并将该转数转化为变频脉冲驱动步进电机转动，以变速控制施肥轴实现变量施肥。

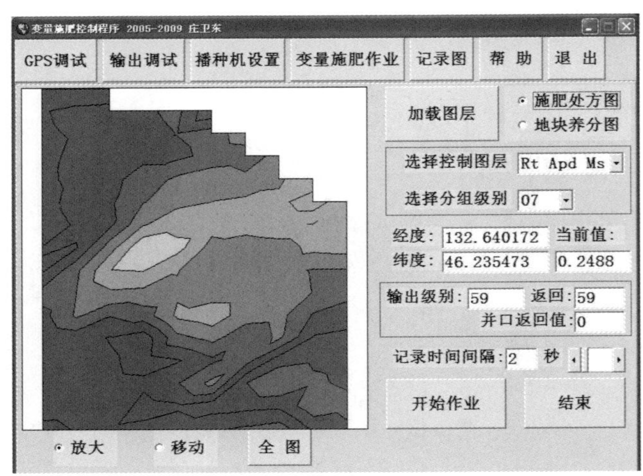

图 7-15　变量施肥处方图

智能水肥一体化设备（图 7-16）将先进的传感器技术和手机端数据集合软件融入现代农业生产。在农田中布置土壤湿度感应器、土壤 pH 值感应器、土壤养分感应器等多种感应器，可以实时捕捉土壤和植物的关键信息。通过物联网（IOT）技术，将这些宝贵的数据传送到中央控制系统。中央控制系统就像一个智慧的大脑，利用机器学习、数据挖掘等前沿算法，对这些海量数据进行深度分析和挖掘，敏锐地识别作物生长阶段，对营养需求进行精准把握，对健康状况给予细致评估，对所需肥料的种类和浓度、施肥的最佳时机等进行精确计算，为作物量身定制最适合自己的施肥方案。这样既保证了肥料的高效利用，又有效避免了浪费现象的发生，实现了蔬菜生长所需肥料的智能化控制。这不仅使农民的劳动负担大大减轻，而且对减少环境污染也有很大的帮助。

图 7-16　智能水肥一体化设备

7.2.2 机器人除草技术与设备

近年来，机械除草技术向自动化、智能化方向加速演进，随着人工智能、智能感知和机器人技术的深度融合，智能除草机器人已成为农业生产领域的新宠。在蔬菜生产实践中，杂草的高度智能识别能力，是智能除草机器人的核心优势。这些机器人搭载先进的电脑视觉系统，借助图像处理和模式识别技术（图 7-17），能够在田间地头实时捕捉和解析影像信息，将农作物与杂草进行准确的区分。其中，图像处理技术的识别精确度高、成本低、处理速度快。

图 7-17　视觉检测识别

作物行识别是机器人除草的首要任务，它依据农田的具体环境特点，分为旱地作物行识别和水田作物行识别两大类。旱地作物主要品种有红薯、土豆、玉米、甜菜、青稞等；水田作物主要品种有莲藕、水芹、香蒲、豆瓣菜、慈姑等。在明确了作物行的基础上，机器人进一步细化至不同区域内的作物与杂草辨识，精确锁定杂草的位置与数量。一旦杂草被成功识别，机器人将依据内置的智能算法和策略，迅速制定个性化的除草方案。这些方案涵盖了除草方式的选择（如物理切割或化学喷洒）、除草力度的调控以及作业范围的界定等诸多细节，机器人使用精密导航与定位系统，在复杂的农田环境中快速、准确地定位杂草所在位置并进行快速除草作业的同时，还能根据杂草种类及密度的不同对除草剂用量及喷洒范围进行精确调节以最大限度避免化学品的滥用及对环境造成的污染。机器人的实时数据采集及数据处理能力使其能够在除草过程中不断积累数据资源，这些数据既为当前的除草策略提供了有力支撑，又为今后的农业生产管理和科学研究工作带来了宝贵的经验和参考依据，从而使农业生产得以持续发展。

蔬菜生产中应用机器人除草技术有很多优点，首先，能做到精确除草，减少化学品的浪费和对环境的污染；其次，机器人不受天气及人为因素的制约，能提高除草的效率和工作的稳定性；最后，机器人还能节省人力成本和减轻农民的劳动强度。因此，机器人的应用对提高蔬菜生产质量，降低生产成本，促进可持续发展意义重大。

1. 激光除草机器人

激光除草机器人（图 7-18）技术工作原理：先通过智能感知技术，综合分析环境和作业对象的类型与属性，以达到智能感知的目的，再利用图像处理技术与准确定位技术，对杂草与植被进行识别，准确找到杂草的位置，再利用激光束高温灼烧杂草。该机器人结构分为车体、柔索驱动装置、三自由度平台、激光发射机构四部分。

图 7-18　激光除草机器人

1）车体

（1）组成：挡板、阻尼减震器、连接座、高分辨率相机、顶盖、上底板、下底板、主机、激光仪器、电池、激光仪器软管、照明灯、车轮和激光雷达。

（2）主要功能：进行自动驾驶，自动避障物识别，完全自主行驶导航定位控制。激光雷达和高分辨率相机的搭配使用可以实现对环境的全方位感知和识别，而主机则负责整合、处理和分析激光雷达和相机获取的数据，进行决策。

2）柔索驱动装置

（1）组成：柔索、丝杆、蜗轮、蜗杆、上下箱体、电机、扭矩传感器和联轴器。

（2）主要功能：电机驱动蜗杆旋转，扭矩传感器可以提供实时的扭矩反馈信息，用于动态控制电机的转矩输出。蜗杆驱动蜗轮旋转，蜗轮带动丝杆旋转并沿轴向运动，绳索缠绕在丝杆直径较大的一边，从而达到收紧绳索不缠绕的效果。在每个柔索装置前还配置了一个拉绳位移传感器，用于获取绳索伸缩的长度进而通过控制系统计算出三自由度平台的位移或者激光发射机构的偏转角度。

3）三自由度平台

（1）组成：广角高分辨率摄像机、磁流变阻尼伸缩杆、钢板和吊环。

（2）主要功能：磁流变阻尼伸缩杆内部设置有可通电的励磁线圈，正常状态下，励磁线圈不通电，磁流变阻尼伸缩杆能够顺滑进行伸缩，再配合绳索的收紧，可以实现三自由度平台向 x、y、z 三个方向的移动。三自由度平台静止瞬间，磁流变阻尼伸缩杆内部电流通过励磁线圈，增加阻尼力，限制了磁流变阻尼伸缩杆的伸缩。杂草被作物遮挡时，磁流变阻尼推杆与普通推杆的作用无异，配合绳索驱动三自由度平台进行 x、y、z 三方向的移动。杂草没有被作物遮挡时，磁流变阻尼推杆起减震作用，使定位更加精确稳定。为提高智能化水平，三自由度平台底部还设置有广角高分辨率摄像机，能够直接拍摄激光除草机器人覆盖范围的图像，将图像发送至控制系统，通过大数据或者深度学习识别出农作物与杂草，对识别处的杂草进行精确定位。定位完成后，控制系统驱动柔索驱动装置内的电机，通过绳索改变三自由度平台的位置，从而使激光能够准确落在杂草的地面根茎底部。

4）激光发射机构

（1）组成：激光发射头、弹簧、支架、双平面滚轮、定平台、动平台和陀螺仪。

（2）主要功能：柔索驱动装置驱动绳索，改变动、静平台双平面滚轮的间距，从而使激光发射头偏转指定角度，同时陀螺仪监测激光头偏转角度，实时传送角度信号给主机。图 7-19 为激光除草机器人的工作流程图。

2. 除草机器人目前存在的问题与发展趋势

除草机器人是农业自动化技术的前沿，同时也是智能农业发展的关键。虽然除草机器人的潜力巨大，但是在研发和应用过程中仍然面临诸多挑战：一是如何保证除草机器人的安全性；二是如何对除草机器人进行精确的操作。

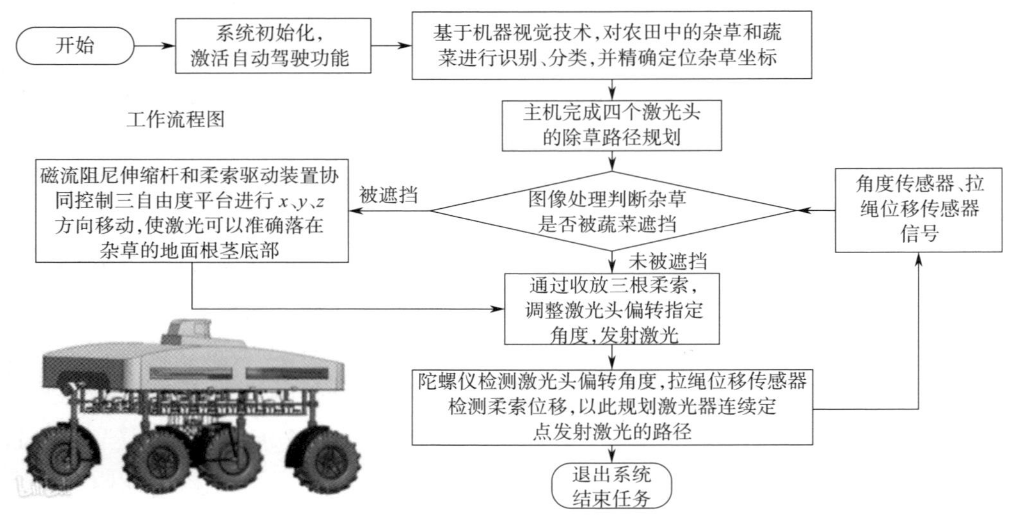

图 7-19　激光除草机器人的工作流程

1）存在问题

（1）机器人对作业环境适用性差。作物生长受地形和季节气候双重影响，工作环境具有非结构化和非预知的特点，给机器人带来了很大的挑战。为满足这一要求，必须使除草机器人具有卓越的环境适应能力，以使其在各种地形条件下都能稳定作业，并能在不同季节和气候条件下保持高效率的工作性能。

（2）操作门槛偏高与对象作物多样导致机器无法广泛运用。为了确保作业效率和经济性，除草机器人通常需要适应多种不同类型的农作物，而这些作物在不同的生长阶段会展现出截然不同的空间形态。这就要求除草机器人的机械结构能够灵活调整，以适应不同株高和株距的作物，实现模块化和可重构设计。此外，机器人的系统算法需要具备强大的数据训练和学习能力，以确保在不同环境下都能准确识别作物，从而保证除草效果。同时，考虑到目标用户群体——农业工作者大多是非技术专业人士，除草机器人应设计得足够安全且易于操作，以帮助用户快速掌握使用技巧，并向用户提供必要的售后服务和技术支持。

（3）生产成本高。与工业机器人相比，除草机器人因其复杂的工况要求而拥有更为复杂的机械结构和控制系统，这无疑增加了其研发和制造成本。在市场竞争激烈的背景下，如何在保证技术先进性的同时降低成本，实现除草机器人的大规模生产和商业推广，将是未来发展的重要课题。

2）未来发展趋势

（1）智能化与自动化深度融合。面对农田生态的复杂性，除草机器人正逐步摆脱对人工详尽植物数据的依赖。它们通过实时学习和适应，利用现有数据对未知杂草进行精准识别和分类，并将这些数据反馈至数据库，实现持续的训练和学习。这种智能化的学习机制显著提升了除草机器人的识别准确率。

（2）功能复合化与一体化作业。除草机器人正通过集成先进的传感系统，实现从单一的除草功能多样化的农业生产任务的转变。为实现针对不同传感系统的定制化程序算法，除草机器人能够独立完成农业生产过程中的多种环节——播种、施肥、监测等各个环节的工作，在提高作业效能的同时实现节约设备投入的效果。这也与现代农业集约化的发展趋势完美契合——不仅满足作物生长发育需求，而且以节约资源、提高生产力为目标。可以说，除草机器人的功能复合化和一体化作业不仅是一项技术创新，更成为现代农业发展的必然趋势。

（3）结构可替代性设计。考虑到作物品种繁多，植物的大小形状差异大等因素，除草机器人在设计时采用可替代性和模块化的设计方式，以满足各种不同的作物和环境条件下进行的除草作业的需要，从而提高除草工作效率并简化设备的维护过程以有效降低成本开支。以模块化的方式设计出能够根据不同需求进行更换的功能部件是这一设计理念的关键。

（4）硬件协同与效能最大化。虽然在特定功能上除草机器人的硬件设备已经日趋成熟，但是单一的硬件已经很难满足更加复杂的操作场景的需求。因此，除草机器人在不断挖掘和拓展硬件设备潜在功能以适应更广泛的农业生产需求的同时，通过软硬件的有机结合和协同工作，可以更全面地发挥各部件的性能优势，实现更高效的作业模式。

（5）技术跨界融合创新驱动。人工智能、物联网、大数据、云计算等高新技术的深度应用，推动现代农业快速发展。通过跨界融合技术，不仅突破了传统农机的技术局限，更在智能化的道路上迈出了坚实的步伐，为提升农业生产效率、推动农业智能化进程注入强劲动力，除草机器人正是这股技术革新浪潮中的佼佼者。

7.2.3 机器人采摘技术与设备

果蔬采摘机器人，属于高级的自动化机械系统，专门设计用来模拟人类采摘者的动作进行水果和蔬菜的采摘工作，以达到高效精确的目的。这套机器人系统集先进的传感器技术、计算机视觉系统及复杂算法于一体，对果蔬进行智能的识别和定位，从而在不损害果实和植株的前提下完成采摘任务，并按照事先规定好的标准和规范进行工作。而核心问题是如何保证机器人对目标果实的精确识别和定位。这就要求机器人必须具有高精度的传感器来感知果实的大小、形状、颜色和位置信息，并结合复杂的图像处理和机器学习算法来模拟人类的视觉和认知能力，做到对果实的准确定位。因此，这是一项十分关键的工作。

1. 多臂番茄采摘机器人

（1）系统组成。这款机器人主要由采摘收纳系统、视觉定位系统、智能学习系统和行走定位系统四部分组成。其具有深度学习、自主路径规划、多臂采摘等特点，适用于无人农场、多功能温室大棚等现代化智慧农业领域（图 7-20）。

图 7-20 智能采摘机器人

（2）工作原理。番茄采摘机器人通过视觉处理系统和云端平台，规划采摘行驶路线。通过机械化履带能够应对多样性的复杂地形与凹凸不平的环境，驶入采摘区域时，导航控制系统接收导航摄像头传递的信息，处理后控制器实现自主定位，自主路径规划。到达采摘位置后，剪式升降装置根据云端处理平台提供的信息调节至合适的采摘高度，采摘臂末端通过视觉处理系统，识别成熟的番茄，当确定目标番茄位置后，采摘臂调整到合适的高度位置，手抓（图 7-21）将番茄限制住，此时安装于上方的切刀对花蒂进行旋切，完成番茄的摘取，采摘臂将采摘后的番茄移动到滑道口处，此时手抓张开，番茄落入上滑道。由于重力作用，番茄从上滑道滑入下滑道最后落入收纳篮，完成整个采摘作业。

图 7-21　手抓

2. 人工智能采摘机器人（图 7-22）

（1）系统组成。人工智能采摘机器人主要由感知系统、处理单元系统、执行机构、供电系统和通信模块五部分组成。其中感知系统主要包含高分辨率摄像头（用于捕捉作物的实时图像数据）、多光谱成像仪（用于检测作物的健康状态，如叶绿素含量）、雷达传感器（用于测量作物的高度和密度）、GPS/IMU（惯性测量单元，用于提供精确的地理位置和运动跟踪）。处理单元系统同时也是该款机器人最为核心的技术部分，其中的中央处理单元（CPU）主要运行机器学习算法和数据处理软件；图形处理单元（GPU）负责加速图像和数据的实时处理。

图 7-22　智能采摘机器人

（2）工作原理。机器人在作业过程中，通过高分辨率摄像头和多光谱成像仪持续捕获作物的图像数据（图 7-23）。这些数据包括作物的颜色、形状、生长状态等信息。捕获的图像数据被传输至中央处理单元，这里的机器学习算法对数据进行实时分析，然后对作物特征进行甄别，如杂草和作物的区别，以及作物的健康状况。处理单元根据分析结果做出适宜决策，机械臂根据决策指令，移动到指定位置。刀具或末端执行器的机械手根据预设的参数执行相应的农事操作，在面对不同种类的蔬菜时，例如采摘茄子时可根据采集时的茎叶信息对刀片的精度进行校正，采摘西红柿时对果实与茎叶位置进行收集再对使用末端执行器的机械手进行抓取。

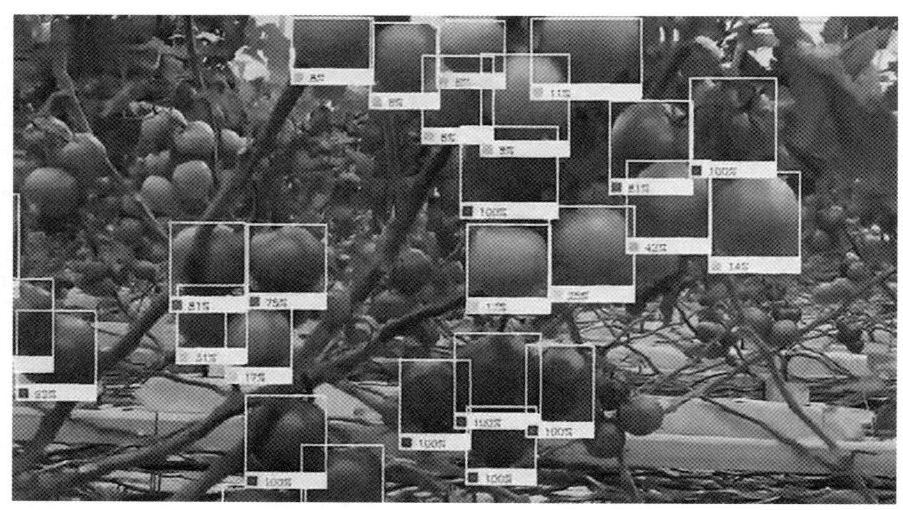

图 7-23　图像采集分析

3. 目前采摘机器人存在问题与展望

1）存在问题

在当前农业生产实践中，我们面临几个分别与农机化核心环节相关的关键挑战。

（1）末端执行器的灵活性和适应性。其末端执行器的设计仅限于提高采收机器人在实际应用中的效率和效果。在确保采摘动作对作物的损伤最小化的同时，这些执行器必须具备在复杂枝叶环境下灵活移动的能力，以模拟人手采摘。因此，要实现高质量的采收，需要在设计中综合考虑精确的执行动作和温和的作物处理。

（2）图像识别技术的精准度。虽然农业领域已经使用了现有的图像识别技术，但是，光照变化、叶片遮挡、果实成熟度差异等环境因素依然挑战着作物识别的精确度和速度。提高采收机器人工作效率的关键在于提高图像识别算法的效率，结合先进的传感器技术，通过机器学习和深度学习，不断优化识别模型。

（3）导航定位技术的创新。采收机器人在这些新环境中的导航和定位变得尤为重要，因为农业生产模式的演变如高架和温室栽培的兴起。为了保持高效的作业节奏，这些机器人需要能够对路径进行精确规划，并有效躲避障碍物。未来导航定位技术的发展重点将是采用先进的神经网络技术和机器学习方法来增强机器人感知和决策复杂环境的能力。

2）未来智能采摘机器人的发展趋势

（1）扩大样本数据库。采集蔬菜种植园区不同品种、不同季节、不同等级、不同产区、不同光照条件下的作物影像资料，打造全方位、多维度的蔬菜作物资料库。这对提高算法的普适性、精确性都会有很大的帮助。

（2）柔性末端执行器的研发。柔性末端执行器，可适应软性蔬菜作物及茶叶嫩芽的设计与制造。为了减少采摘过程中对植被的损害，这些执行器要有容错能力。

（3）优化控制系统。为了实现多端摘取执行器的协同工作，开发高效的运动控制算法和任务分配策略。这样既提高了采摘效率，又保证了执行器之间的配合。

（4）提高算法稳定性。不断优化识别算法，在动态干扰和非结构化环境下提高识别算法的稳定性和可靠性，如深度学习和强化学习等先进技术。

第 8 章　蔬菜全程机械化生产案例分析

近年来我国农机行业对蔬菜生产机械研发力度的不断加强，从种子处理环节到播种整地收获环节，针对不同种类的蔬菜，研制开发出了多种蔬菜生产机械，有些蔬菜已经形成了比较完善成熟便于推广的全程机械化生产模式，例如大蒜、大葱、辣椒、萝卜等。

8.1　大蒜全程机械化生产

8.1.1　大蒜全程机械化生产技术与设备

1. 技术路线

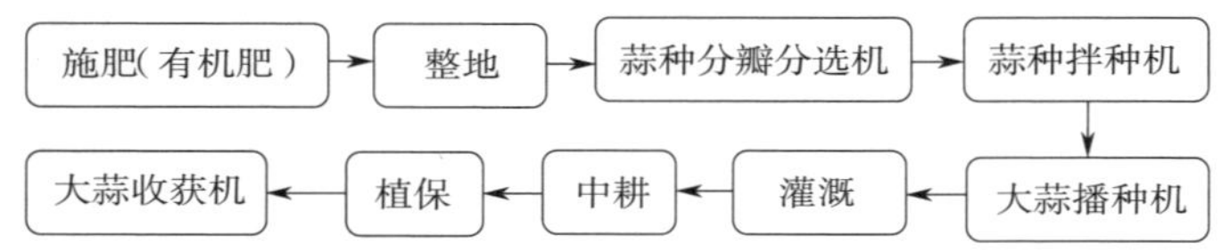

2. 关键设备

目前，大蒜机械化生产设备有比较多的企业生产了多种型号，这里以山东玛丽亚农业机械有限公司生产的几款设备为例进行介绍。

1）蒜种分瓣分选机

（1）5XZSF-5A 型（图 8-1）主要技术参数如下。

长 × 宽 × 高（mm）：5 470 × 1 300 × 1 500。

功率（kW）：4.8。

工作电压（V）：220/380。

分级数量：5 级。

工作效率（kg/h）：1 200~1 500。

图 8-1　5XZSF-5A 型蒜种分瓣分选机

（2）5XZSF-4A 型（图 8-2）主要技术参数如下。

长 × 宽 × 高（mm）：1 790 × 580 × 1 350。

功率（kW）：2.6。

电压（V）：220。

工作效率（kg/h）：400。

图 8-2　5XZSF-4A 型蒜种分瓣分选机

2）大蒜播种机

（1）2BSXB-7 型（图 8-3）主要技术参数如下。

长 × 宽 × 高（mm）：1 800 × 1 510 × 1 050。

配套动力（kW）：18.4~29.4。

正芽率：90%以上。

行距（mm）：180。

株距（mm）：90~160。

工作行数：7 行。

工作幅宽（mm）：1 260。

作业效率（亩/h）：1~1.5。

图 8-3　2BSXB-7 型大蒜精准播种机

（2）2BSXZ-11 型（图 8-4）主要技术参数如下。

长 × 宽 × 高（mm）：1 915 × 2 245 × 1 450。

配套动力（kW）：≥63。

正芽率：90%以上。

行距（mm）：180。

株距（mm）：90~160。

工作行数：11 行。

工作幅宽（mm）：1 980。

作业效率（亩/h）：1.5~2.5。

图 8-4　2BSXZ-11 型大蒜精准播种机

3）大蒜收获机

（1）4DS-8DXA 型（图 8-5）主要技术参数如下。

长 × 宽 × 高（m）：6.1 × 2.3 × 2.8。

工作效率（亩/h）：1.5~2。

工作幅宽（m）：1.4。

收获行数（行）：8。

图 8-5　4DS-8DXA 型大蒜联合收获机

（2）4DS-154A 型（图 8-6）主要技术参数如下。

长 × 宽 × 高（m）：1.9 × 1.5 × 1.1。

工作幅宽（m）：1.35。

配套动力（马力）：25~30。

工作效率（亩/h）：1.5~2。

图 8-6　4DS-154A 型大蒜收获机

8.1.2　大蒜机械化生产技术规程

1. 前期准备

1）机具

应结合当地农艺要求、自然条件、生产规模等因素，选择性能可靠、先进适用的农机装备。优先选择通过农业机械试验鉴定的机型。机具安全性能应符合相关标准要求，安全防护装置和安全警示标志应齐全完整。作业前应按使用说明书要求，将机具调整至正常工作状态。

2）人员

机具操作人员及辅助人员应经过培训，使用过程中应按照使用说明书和有关安全操作规程进行操作。

3）种子

应选用形状规则一致的抗病、优质、丰产、抗逆性强的适宜机械化作业的大蒜品种，进行机械化分瓣、分级，种子应选无霉变、无锈斑、无病、无损伤的蒜瓣，且纯度≥97%、发芽率≥95%、完整度≥95%，植物检疫合格。蒜种应按 NY/T 3029—2016 中 5.3.3 的要求进行处理，浸入含有广谱性杀菌剂的浸种液中 4~12 h，捞出沥干后备用。

4）地块

应选择地势平坦、土壤肥沃、灌溉方便的适宜机械化作业的地块。

2. 耕整施肥

1）作业方式

应根据当地的种植模式、农艺要求、土壤条件及地表秸秆覆盖情况等，选择机械耕整地作业方式。

2）机具选择

耕地应选择液压翻转犁、旋耕机、深松机，整地机械应采用动力驱动耙或联合整地机，并根据选用的机具规格选配功率匹配的拖拉机。

3）耕整要求

犁耕深度≥20 cm，作业不漏耕，覆盖秸秆严密。旋耕深度≥15 cm，耕后地表平整、土壤细碎。耙地深度 8~15 cm，耙细耙透，达到上虚下实。连年旋耕作业地块应 3 年内进行一次深耕深松作业。

4）施肥要求

应采用撒肥机施用腐熟有机肥、氮磷钾无机肥等基肥，可结合耕翻整地，采用先撒肥后耕翻的方式进行施肥，使肥料与耕层土壤充分混匀。施肥量应符合当地农艺要求。施肥应以有机肥为主，化肥为辅。

5）起畦作业

根据当地气候、种植习惯及地块灌溉条件采取平畦作业时，应进行机械起畦，畦宽 2~4 m，畦宽应为播种机工作幅宽的整数倍。

3. 播种

1）播种时期

在 9 月 28 日至 10 月 10 日进行播种作业。

2）机具选择

大蒜机械化播种分为正芽播种和平芽播种两种方式。应根据大蒜品种和整地质量，选择适合的播种机械。在整地质量好的情况下，永年白蒜优先选用正芽播种机。

3）播种密度

以收获蒜薹为主的大蒜密度应为 45 000 株/亩~50 000 株/亩，用种量 270~280 kg/亩；以收获蒜头为主的大蒜密度应为 22 000~28 000 株/亩，用种量 180~200 kg/亩。采用等行距播种时，行距应为 18 cm。

4）播种作业要求

播种作业应符合 NY/T503 的要求，且种子破损率≤1.5%。选择正芽播种方式的，正芽率≥85%。播后应覆土搂平，覆土厚度 0.5 cm~1 cm。

5）播后管理

大蒜播后 3~5 天浇蒙头水。水渗后喷二硝基甲苯胺乳油进行除草。

4. 田间管理

1）灌溉追肥

根据种植模式、灌溉条件等，应选择喷灌、滴灌等高效节水灌溉技术和装备进行灌溉作业。在大蒜返青期、蒜薹伸长期和蒜头膨大期，应根据土壤田间持水的情况适时进行灌溉。蒜薹收获前 3~4 天、蒜头收获前 5~7 天应停止灌溉。宜采用水肥一体化技术及设备进行灌溉施肥作业。施肥量应根据农艺要求、土壤肥力、产量水平和肥料养分含量等因素确定。

2）植保

结合实际选择喷杆喷雾机或植保无人机等高效植保机械进行作业。应选用适宜的药剂品种及用量进行植保作业，施药应均匀喷洒，不漏喷、不重喷、低漂移。化学农药防治应按照 NY/T 1276 的规定执行，防治作业质量应符合 NY/T 650 的规定。

3）覆膜

播后应采用覆膜机适时进行覆膜，宜选用生物降解农用地膜。膜边覆土厚度不小于 35 mm，宽度不小于 25 mm。播后 10 天左右进行机械划膜。在 11 月底至 12 月上中旬选择晴好无风的天气适时覆二层膜。在冬季应经常检查地膜，发现有破损的应及时补救。在 2 月下旬至 3 月上旬适时揭除二膜，先顺着蒜垄进行打孔放风，以平衡膜下与外界的温差，3~ 5 天后完全揭膜。

5. 收获

1）适期收获

收蒜薹 15~20 天后，植株叶片开始枯黄、顶部尚有 2~3 片绿叶、假茎松软不易折断、蒜瓣背部凸起、瓣与瓣之间沟纹明显、蒜头外层皮变薄时，即可进行机械化收获。

2）机具选择

根据大蒜种植模式、大蒜用途、当地习惯、地块大小、土壤条件等选择大蒜挖掘机或大蒜联合收获机。大蒜挖掘机工作幅宽应比一个行程收获大蒜的左右两侧各宽 10 cm 以上。大蒜联合收获机行距应与大蒜种植行距一致。

3）收获前准备

收获前宜在大蒜田块两端人工收获 5~10 m 宽的大蒜，以方便收获机地头转弯调头。作业时应调整收获机的挖掘深度，挖掘深度应比大蒜种植深度深 10 cm 以上。应进行试收获，达到作业质量要求后再进行正式作业。

4）作业质量要求

大蒜机械化收获作业质量应符合 JB/T 14656—2023 中 5.2 的规定。

5）挖掘后处理

挖掘收获的大蒜应在田间用蒜秸盖住蒜头适当晾晒后，再进行切茎切须、收集转运。

8.2 大葱全程机械化生产

8.2.1 大葱全程机械化生产技术与设备

1. 技术路线

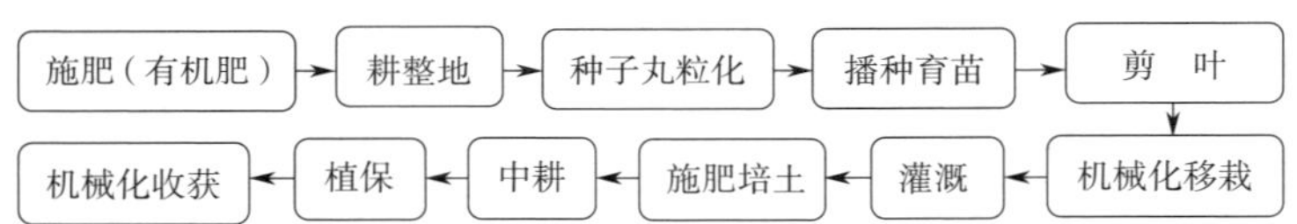

2. 关键设备

大葱机械化生产关键环节主要涉及开沟起垄、种子丸粒化、育苗播种、剪叶、移栽、收获等，这里分别列举了几款相关设备。

1）开沟起垄机

1GVF 系列开沟起垄机（图 8-7）主要技术参数如下。

工作幅宽（mm）：2 900。

肥箱容积（L）：50。

配套动力（马力）：120。

开沟形式：三沟四垄+施肥。

起垄高度（mm）：350~400。

生产企业：青州双鑫机械设备科技有限公司。

图 8-7　1GVF 系列开沟起垄机

2）种子丸粒化机

RH-325 型种子丸粒化机（图 8-8）主要技术参数如下。

功率（kW）：1.2。

长 × 宽 × 高（mm）：1 125 × 580 × 1 250。

电压（V）：220。

效率（g/次）：200~500。

单次时间（min）：15~20。

丸粒化合格率：99%。

丸粒化单籽率：99%。

每个工作日生产量：1~5 kg 裸种。

生产企业：青岛润华农业科技有限公司。

图 8-8　RH-325 型种子丸粒机

3）育苗播种机

2BP-300（VE-31）型育苗播种机（图 8-9）主要技术参数如下。

长 × 宽 × 高（mm）: 2 760 × 514.6 × 996.6。

播种形式：全自动钵苗播种。

播种精度：球径 3.5~4.5 mm 包衣种子 3 粒播种；球径 2.5~3.5 mm 包衣种子 1 粒播种。

驱动电机（V/W）: 220/90。

振动电机（V/W）: 220/60。

播种效率（盘/h）: 300。

钵苗秧盘: D220P。

生产企业：常州亚美柯机械设备有限公司。

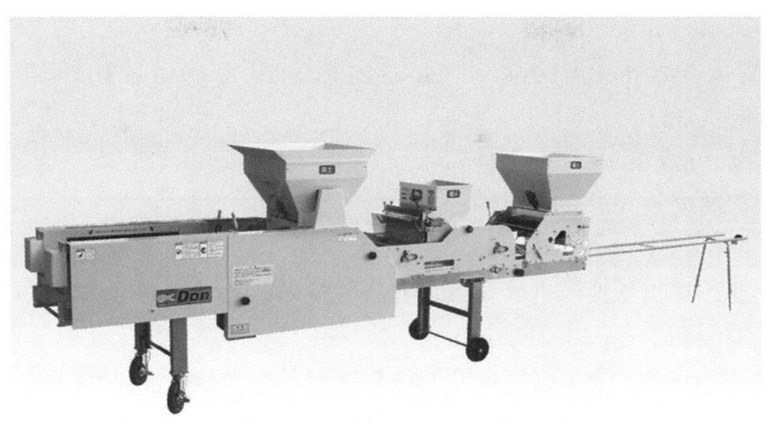

图 8-9　2BP-300（VE-31）型育苗播种流水线

4）大葱剪叶机

TC-110D 自动大葱剪叶机（图 8-10）是全自动大葱钵苗移栽机的配套设备，可实现大葱育苗期倒苗前的自动剪叶，防止大葱的弯曲，提高大葱秧苗品质，具有结构轻便，操作简单，自动化程度高，剪切整齐，作业效率高等特点。

图 8-10　TC-110D 型自动大葱剪叶机

主要技术参数如下。

长 × 宽 × 高（mm）：1 260 × 1 650~2 230（可调）× 940~1 300（可调）。

质量（kg）：32.5。

割刀宽度（mm）：1 030。

适用剪切高度（mm）：100~460。

轮距（mm）：1 350~1 930。

生产企业：常州亚美柯机械设备有限公司。

5）大葱移栽机

2ZS-1（VP100B）型大葱移栽机（图 8-11）主要技术参数如下。

长 × 宽 × 高（mm）：1 910 × 1 180~1 840（可调）× 1 360。

种植行数（行）：1。

种植株距（mm）：53~116（标准株距 7 档）。

种植行距（mm）：500~1 100。

种植深度（mm）：10~40。

适应沟深（mm）：150~400。

作业效率（亩/ h）：0.6。

图 8-11　2ZS-1（VP100B）型大葱移栽机

秧盘搭载数（张）：7。

秧苗条件——作物高度（mm）：80~200。

秧盘钵体数（穴）：220。

秧盘尺寸（mm）：632 × 315 × 35。

钵体尺寸（直径 × 高 mm）：Φ23 × 35。

生产企业：常州亚美柯机械设备有限公司。

6）大葱培土机

这里介绍一款自走式大葱培土机（图 8-12），该机可以实现一机多用，增加配套机具，可实现大葱植保、培土全程机械化作业。采用加高履带底盘设计，作业时不伤葱叶，作业稳定性好，安全系数高，平衡点设计合理，在转移作业时避免了大幅度的颠簸。

图 8-12　自走式大葱培土机

主要技术参数如下。

主机动力（P）：51.3。

长 × 宽 × 高（mm）：4 960 × 2 260 × 2 760。

整机质量（kg）：2 860。

作业行数（行）：2。

工作幅宽（mm）：1 700。

适宜垄距/ 株距（mm）：垄距 800。

轮　　距（mm）：1 600。

工作效率（亩/h）：10。

生产企业：青岛泽瑞源农业科技有限公司。

7）大葱收获机

锐星—8 自走式大葱收获机（图 8-13）主要技术参数如下 。

行走方式：自走履带式

长 × 宽 × 高（mm）：2 300 × 1 200 × 1 800。

动力（P）：24。

收割幅宽（mm）：700~1 000。

收割深度（mm）：300~400。

收获方式：振动式。

链轨宽度（mm）：168。

作业效率（亩/h）：2。

生产企业：青岛锐星机械有限公司。

图 8-13　锐星—8 自走式大葱收获机

8.2.2　大葱全程机械化生产技术规范

1. 耕整地

1）深翻

采用深翻设备进行土地深翻作业，2~3 年深翻一次，作业深度≥35 cm。

2）土地平整

对于平整度较差的地块应采用激光平地机或卫星平地机进行土地平整。为便于排灌，应顺着种植方向，按 100 m 长度落差 10 cm 的标准进行整地。

3）旋耕

开沟前应进行旋耕作业，采用旋耕机旋耕 1~2 遍，作业质量应符合 NY/T 499 的规定。

4）开沟、施底肥

移栽前，采用双垄或者三沟四垄施肥开沟机配套北斗导航辅助驾驶系统进行开沟作业。沟距 80 cm 左右，埂面宽 30 cm 左右，沟面宽 55 cm 左右，沟底宽 25 cm 左右，沟深 30 cm 左右，沟底部留 5 cm 松软土层。开沟时施用生物有机肥作为底肥。

2. 育苗

1）种子处理

采用种子丸粒机对大葱种子进行丸粒化处理，丸粒直径 3.5 mm 左右。

2）播种

2 月中下旬至 4 月进行播种育苗。采用自动化穴盘育苗生产线，配套大葱移栽机专用钵苗秧盘，一次性完成基质填充、刮平、压穴、播种、覆土、洒水等多项作业。每穴播 3 粒种子，覆盖基质厚度 0.5 cm，播后浇透水，将穴盘整齐摆放于大棚育苗床内。育苗基质应符合 NY/T 2118 的规定。

3）苗期管理

水肥管理：苗期采用喷淋装置做好水肥管理。剪叶：根据葱苗的生长情况采用大葱剪叶机适时进行剪叶。苗高超过 20 cm 后进行第一次剪叶，保持葱叶长度在

18~20 cm。苗期剪叶 5~6 次。

3. 移栽

1）移栽标准

苗龄 60 天左右，植株健壮、不倒伏，盘根紧实、不散根可进行移栽。移栽前进行剪叶，保留株高 18 cm。

2）作业要求

采用大葱移栽机进行作业。葱苗定植穴距 10 cm，每穴 3 株，每亩 25 000 株左右。作业质量应符合 NY/T 3486 的规定。

4. 田间管理

1）灌溉

移栽后，沟底铺设滴灌带，立即浇第一次水，水要浇透，以土壤不积水为原则。大葱生长期应保持土壤湿润，雨后及时排涝。收获前 10~15 天，停止浇水。

2）施肥培土

移栽后葱叶生长至地面高度 50 cm 时进行第一次培土，之后间隔 15 天左右培土 1 次，共培土 5~6 次。采收前 10~15 天进行最后一次培土，培土高度位于叶鞘与叶身的分界处。采用带施肥装置的培土机进行施肥培土作业，以施用追肥为主，肥料的施用应符合 NY/T 496 的规定。

3）植保

根据农艺要求采用轮式植保机或无人植保机进行植保作业，化学防治应符合 GB/T 8321（所有部分）的规定。

5. 收获

1）收获时间

大葱移栽 5 个月后可进行收获，收获期持续 1~2 个月，可根据市场行情选择合适时间收获。

2）收获标准

葱白直径达到 2~3 cm，长度≥40 cm。

3）作业要求

联合收获：采用大葱联合收获机，实现大葱收割、振土、收集一次性作业，机损伤率≤4%，损失率≤3%。

分段收获：采用大葱收获机使大葱根部土壤松动，再由人工收集，机损伤率≤3%，损失率≤2%。作业质量应符合 JB/T 14654 的规定。

8.3　朝天椒全程机械化生产

8.3.1　朝天椒全程机械化生产技术与设备

1. 技术路线

1）育苗

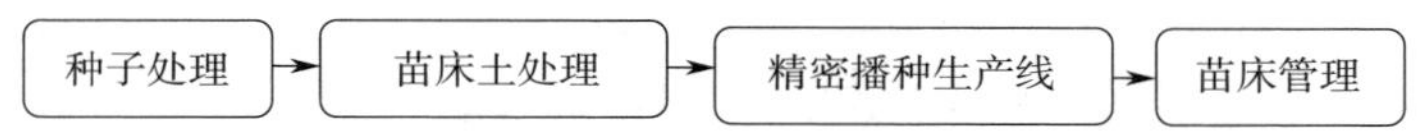

2）露地生产

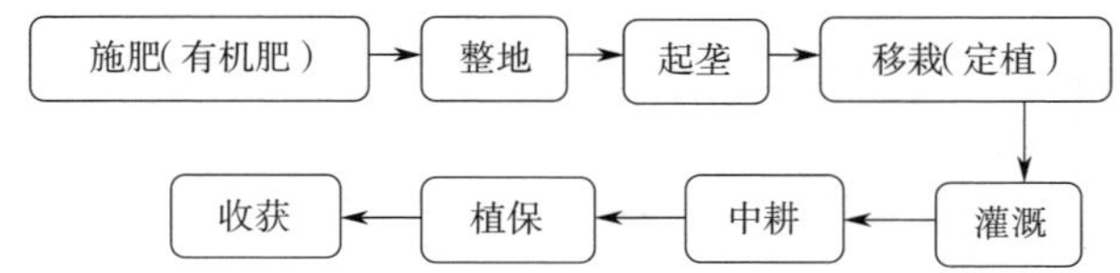

2. 关键机具

1）育苗播种生产线

2BSL-320 型蔬菜播种机（图 8-14）集自动上土、洒水、播种、覆土等功能于一体，一次性完成小粒种子育苗播种的各道作业工序，广泛应用于蔬菜、烟草、花卉等小粒种子的育苗播种。该产品采用了真空负压滚筒气吸专利技术，实现了小粒种子的精量播种，产品自动化程度高，结构紧凑，实用可靠。

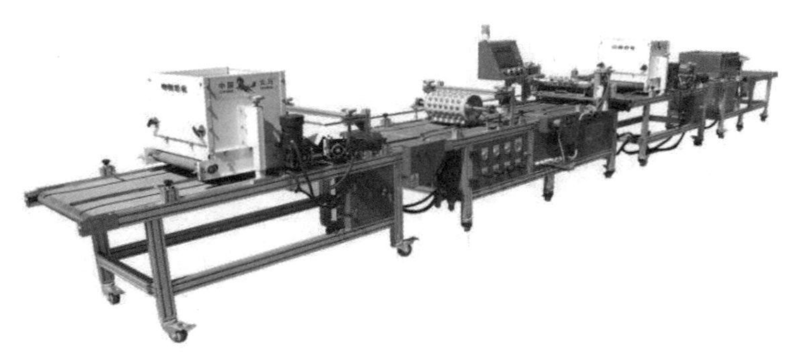

图 8-14　2BSL-320 型蔬菜播种机

主要技术参数如下。

主机动力（kW/V）：1.08/220。

长 × 宽 × 高（mm）：7 000 × 700 × 1 200。

适用盘类：≤500 mm 各类塑料盘。

整机重量（kg）：400。

播种量（克/盘）：20。

灌水量（升/盘）：0.6。

播种效率（盘/h）：1 200。

排种器形式：气吸滚筒式。

生产企业：江苏云马农机制造有限公司。

2）起垄施肥机

2CM-4 型双垄辣椒起垄施肥机（图 8-15）主要技术参数如下 。

长 × 宽 × 高（mm）：2 500 × 2 400 × 1 400。

配套动力（P）：100~150 马力。

功能：施肥、起垄、覆膜、铺滴灌带一体作业。

作业行数（行）：4。

垄距（mm）：1 000~1 100。

起垄高度（mm）：200~250。

垄面宽（mm）：700。

垄底宽（mm）：850。

工作效率（亩/h）：4~6。

生产企业：唐山玉田县万佳农机有限公司。

图 8-15　2CM-4 型双垄辣椒起垄施肥机

3）辣椒移栽机

本节介绍的辣椒移栽机是通用的 PVHR2-E18 型蔬菜移栽机（图 8-16），可实现垄上移植，搭载大马力发动机，采用乘坐式作业，机体带有升降传感器，左右平衡手柄即可调节，作业效率是人工的 7.2 倍。

主要技术参数如下。

主机动力（P）：1.5/2.1。

长 × 宽 × 高（mm）：2 050 × 1 600 × 1 500。

整机质量（kg）：240。

适用作物：西兰花、辣椒、西红柿、包菜、玉米、油菜等。

作业行数（行）：1/2。

图 8-16　PVHR2-E18 型蔬菜移栽机

工作幅宽（mm）：500~1 000。

适宜垄距/株距（mm）：800~1 200。

株距（cm）：30，32，35，40，43，48，50，54，60。

适宜陇上多行行距（cm）：30，35，45，50。

轮　　距（mm）：845~1 045（内车轮）、1 150~1 350（外车轮）。

工作效率（亩/h）：1.5~2.0。

生产企业：东风井关农业机械有限公司。

4）辣椒收获机

4YZ-LJ 型辣椒收获机（图 8-17）一次性完成农作物辣椒的采摘、收集、风选作业，降低了人工采摘的劳动强度。配套动力为 103 kW 柴油机，可实现 2 200 mm 工作幅宽内辣椒地的不对行收获。采用欧洲技术（通用技术），底盘静液压无级变速，全车电控，液压传动（进口液压件），可增加清选功能。

图 8-17　4YZ-LJ 型自走式辣椒收获机

主要技术参数如下。

配套动力（P）：140。

长 × 宽 × 高（mm）：7 560 × 2 500 × 3 400。

整机质量（kg）：5 300。

适用作物：辣椒。

作业行数（行）：不分行。

工作幅宽（mm）：2 200。

轮　　距（mm）：1 620。

工作效率（亩/h）：2.1~5.1。

生产企业：河北雷肯农业机械有限公司。

4JZ-3600 型自走式辣椒收获机（图 8-18）能一次完成辣椒的采摘、输送、集箱及秸秆处理等多项作业。

主要技术参数如下。

配套动力（P）：125。

整机质量（t）：8.3。

适用作物：线椒、板椒。

作业行数：不对行收获。

图 8-18　4JZ-3600 型自走式辣椒收获机

工作幅宽（m）：3.3。

生产企业：新疆牧神机械研究院。

8.3.2　辣椒全程机械化生产作业标准

1. 整地

1）深耕

2~3 年进行一次深耕作业，作业深度应达到 25~30 cm。

2）平地

2~3 年进行一次平地作业，平地作业要在深耕、旋耕后进行，应采用激光平地机或卫星平地机，作业质量应符合 JB/T 13077 的规定。

3）旋耕

种植前应进行旋耕作业，作业质量应符合 NY/T 499 的规定。

2. 播种育苗

1）播种时间

直播方式种植朝天椒，在 4 月初至 4 月中旬进行播种。

移栽方式种植朝天椒，在 3 月初至 3 月中旬进行播种。

2）种子处理

直播方式种植朝天椒，采用种子包衣机对种子进行包衣、丸粒化处理。

移栽方式种植朝天椒，按照 NY/T 2312 对种子进行物理消毒或化学消毒。

3）播种作业

a. 直播方式

作业条件：地面平整，土壤细碎，绝对含水率应在 15%~25%。

机具选择：采用辣椒铺膜播种机进行播种作业。

作业要求：在播撒朝天椒种子的同时铺设地膜和滴灌带，每穴播种 1 粒~3 粒。

b. 移栽方式

基质育苗：用商用基质或自行配备基质育苗。

机具选择：采用蔬菜穴盘精量播种流水线，一次性完成基质填充、刮平、压穴、播种、覆土、洒水等多项作业。秧盘选择应与农艺和移栽机作业要求相符。

作业要求：每穴播种 1 粒或 2 粒；作业质量应符合 NY/T 1823 的规定。

4）苗期管理

a. 直播方式

视土壤墒情浇水，雨季注意排涝，田间无积水，干旱及时浇水；缺苗、死苗及时补栽。

b. 移栽方式

采用水肥、通风、加热等系统做好水肥和温湿度管理，必要时使用植物生长调节剂控制幼苗生长。播种到出齐苗期间白天温度应控制在 25~30 ℃，夜间 20~21 ℃，苗齐后白天应控制在 23~28 ℃，夜间 18~20 ℃。基质湿润不积水，相对含水量 60%~70%。苗龄 55~60 天，植株健壮，子叶完整，叶色深绿，无病虫害，节间短，根系发达，具有 7~8 片真叶。

3. 移栽

1）起垄铺膜

移栽前采用起垄铺膜一体机，一次性完成起垄、铺滴灌带、铺膜等多项作业。起垄高度不小于 15 cm，作业质量应符合 NY/T 2704 的规定。

2）移栽作业

幼苗高度 18~20 cm，进行移栽作业，一般 4 月中旬至 5 月中旬移栽为宜。要求秧苗钵苗盘根好、不易散坨、两秧苗根系之间没有粘连。移栽地块土壤绝对含水率应在 15%~25%。

3）机具选择

应采用与移栽农艺要求相符合的辣椒移栽机进行作业。

4）作业要求

移栽行距、株距应符合种植品种农艺要求和植保、除草、收获机械化作业要求，行距宜为 40~45 cm，单生朝天椒株距宜为 30~35 cm，簇生朝天椒株距为 15~25 cm，作业质量应符合 NY/T 3486 的规定。

4. 田间管理

1）灌溉施肥

朝天椒采用水肥一体化装置进行灌溉施肥，中后期宜根据缺素症的外部特征喷施适应的叶面肥。

2）植保

根据朝天椒病虫害发生规律，按照植保要求选用药剂及用量，按照机械化高效植保技术要求进行防治作业。夏季雨后要及时进行植保作业，预防病害的发生。应采用植保无人机或自走式植保机进行植保作业，施药作业应符合 NY/T 1225 的规定。

3）除草

化学除草时，采用植保机进行化学药剂除草。机械除草时，采用中耕除草机进行除草。

5. 收获

收获时间在 9 月下旬至 10 月中下旬。要求朝天椒收获前进行落叶催熟处理，成熟度 90%以上，采用自走式辣椒联合收获机或割晒机和辣椒脱果机进行收获。朝天椒收获作业技术指标应符合 JB/T 12825 的要求。朝天椒收获后应进行秸秆离田作业，并应适时回收残膜，作业质量应符合 DB12/T 323 的规定。

6. 收获后处理

1）除杂

机械收获后，含杂率如高于 10%，采用清选机进行除杂。

2）烘干

除杂和色选后应采用烘干设备进行烘干处理，以免变质，烘干后含水率降到 14%以下。

8.4　甘蓝全程机械化生产

8.4.1　甘蓝全程机械化生产技术与设备

1. 技术路线

1）育苗

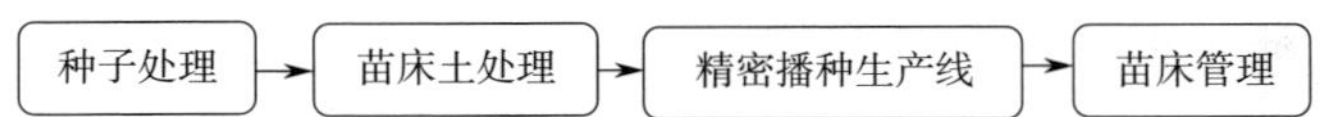

2）露地生产

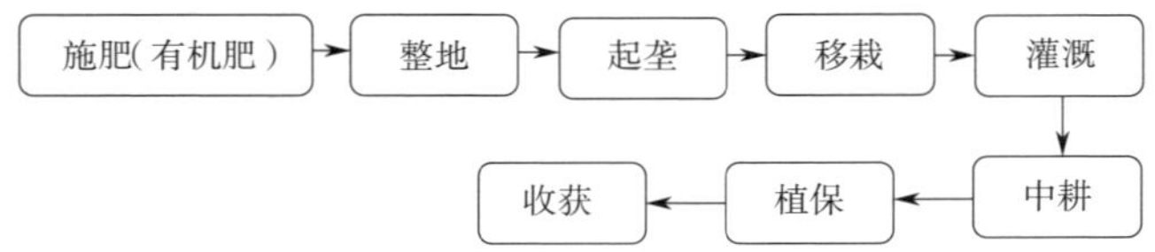

2. 关键机具

1）育苗播种流水线

2BXP-500 型压穴翻转式精量播种机（图 8-19）带压穴功能，并可翻转 90° 查看播种效果，播种效率 400~500 盘/h，操作灵活，结构简单，压穴、取种、播种一次完成。根据不同的种子和播种要求，配置相应的播种板和吸种头，可配播种板有 288 孔、200 孔、128 孔、105 孔、98 孔、72 孔、50 孔、32 孔。

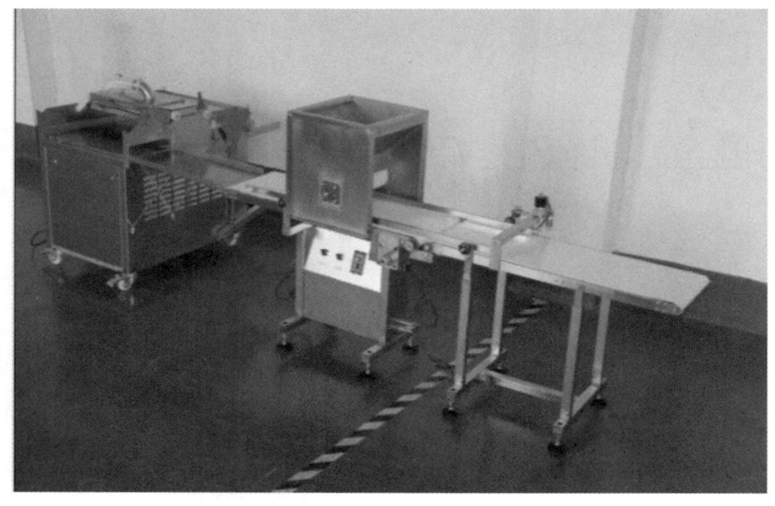

图 8-19　2BXP-500 型压穴翻转式精量播种机

主要技术参数如下。

长 × 宽 × 高（mm）：2 050 × 670 × 1 120。

整机质量（kg）：60。

洒水量（L/盘）：0.6~1.5。

覆土厚度（mm）：3~9。

适用作物：西红柿、辣椒、西兰花等。

输送电机（W）：120。

覆土电机（W）：40（调速）。

生产企业：常州市风雷精密机械有限公司。

2）有机肥撒肥机

HWK2FJ-13 型施肥机（图 8-20）为农牧业粪肥产品采集、抛撒机械设备，仅应用于厩肥等有机肥抛撒、收集、储存和运输。

图 8-20　HWK2FJ-13 型撒肥机

主要技术参数如下。

配套动力（P）：≥110。

长 × 宽 × 高（mm）：8 236 × 2 480 × 2 760。

整机质量（kg）：3 400。

适用作物：各类农作物。

作业行数（行）：3 。

工作幅宽（mm）：5 000~10 000。

适宜垄距/株距（mm）：600~700。

适宜垄上多行行距（mm）：600~700。

轮　　距（mm）：2 050（按照垄间距可以调整轮距）。

工作效率（亩/h）：40~60。

生产企业：哈尔滨万客特种车设备有限公司。

3）甘蓝移栽机

2ZBX 系列悬挂式吊杯移栽机（图 8-21）采用组合式结构，每个组合单体可独立完成栽植工作，维修方便；栽植质量好，适用性广。行距、株距、深度可调，栽植深度均匀一致，直立度好；伤苗率低，可靠性高；膜上成穴、投苗移栽和覆土一次完成，伤苗率低，成活率高；生产效率高，移栽效率是人工移栽的 4~8 倍。

图 8-21　2ZBX 系列悬挂式吊杯移栽机

主要技术参数如下。

配套动力（P）：20/25/40/60/70/80。

长 × 宽 × 高（mm）：2 400 × 1 400 × 900。

整机质量（kg）：580。

适用作物：甘蓝、辣椒、番茄、包菜、甜菜等。

作业行数（行）：1/2/3/4/5/6。

工作幅宽（mm）：1 000~3 800 可调。

适宜垄距/株距（mm）：株距范围 250~1 000 可调。

适宜陇上多行行距（mm）：300~1 000 可调。

轮　　距（mm）：1 000~3 800 可调。

工作效率（亩/h）：3~4。

生产企业：南通富来威农业装备有限公司。

2ZQ 型蔬菜移栽机（图 8-22）结构简单，生产效率高、劳动强度低、不伤苗、秧苗直立度好、成活率高；裸苗和钵体苗均能实现移栽；采用特殊的开沟器，提高立苗率和成活率；先进的覆土装置，保证立苗率；集开沟、栽植、覆土、镇压、浇水、施肥等多种功能于一体；多行移栽，行距可调；独立单元挂接式结构，移栽行数可增可减。

图 8-22　2ZQ 型蔬菜移栽机

主要技术参数如下。

配套动力（P）：25~80。

长 × 宽 × 高（mm）：2 400 × 1 400 × 900。

整机质量（kg）：580。

适用作物：甘蓝、辣椒、番茄、包菜、甜菜等。

作业行数（行）：1/2/3/4/5/6/7。

工作幅宽（mm）：1 000~3 800 可调。

适宜垄距/株距（mm）：株距范围 180~1 000 可调。

适宜垄上多行行距：250~1 000 可调。

轮　　距（mm）：1 000~3 800 可调。

工作效率（亩/h）：3~4。

生产企业：南通富来威农业装备有限公司。

4）植保机械

3WP-500 自走式喷杆喷雾机（图 8-23）采用折叠的三段独立控制式喷杆，高性能电动推杆，无级变速，调速范围广，可实现 0~11 km/h 的自由切换。

图 8-23　3WP-500 自走式喷杆喷雾机

主要技术参数如下。

主机动力（P）：24

长 × 宽 × 高（mm）：4 100 × 1 990 × 2 730。

整机质量（kg）：1 190。

适用作物：通用。

工作幅宽（mm）：12 500。

轮　　距（mm）：1 500。

工作效率（亩/h）：水田 40~60；旱田 60~80。

生产企业：雷沃重工股份有限公司重型装备工厂。

5）甘蓝收获机

K1000 牵引式甘蓝收获机（图 8-24）采用三点悬挂式单行收获设计，甘蓝收获范围从 0.5 kg 到 5 kg，切割高度可调，设备配有传送带可将甘蓝装箱收获；可根据不同的种植和收获需求进行设备配套。

图 8-24　K1000 牵引式甘蓝收获机

主要技术参数如下。

配套动力（P）：≥140。

长 × 宽 × 高（mm）：7 600 × 3 000 × 3 000。

整机质量（kg）：4 000。

适用作物：甘蓝。

作业行数（行）：1。

工作幅宽（mm）：600。

适宜垄距/株距（mm）：600。

轮　　距（mm）：2 500。

工作效率（km/h）：1~3。

8.4.2 甘蓝机械化生产作业技术规范

1. 整地作业要求

（1）采用深耕、深松、旋耕、镇压等方式整地，做到耕层通透、田平土实，碎土率≥80%，耕后地表平整度≤5 cm，为机械化移栽创造有利条件。

（2）应根据土壤状况，每隔 2 年或 3 年进行 1 次深耕或深松，深耕宜为 25~30 cm、深松宜为 25~35 cm，旋耕深度宜为 15~20 cm，对于土层较浅的地块，应增施有机肥料熟化土壤，并逐年增加耕层深度。

（3）深耕整地作畦应地平土碎，畦田规范，宽窄一致，埂直如线，土壤上虚下实，适宜机械移栽。

（4）机械开沟沟底平整，沟壁完整，沟形稳定，田边沟略低于腰沟，腰沟略低于畦沟，沟沟相通。

2. 机械育苗

1）基本要求

宜在塑料大棚或连栋温室内进行育苗：冬春季育苗，应在棚室内覆盖一层或两层膜，即苗床上覆一层膜，或再搭建小拱棚覆一层膜。选择适宜当地种植的甘蓝品种，种子质量应符合 GB 16715.4 的规定。可自配育苗基质，也可直接从基质生产厂家购买穴盘育苗专用基质：基质质量应符合 NY/T 2118 的规定。

2）机械播种

根据移栽环节机具的要求选用育苗穴盘，可采用 72 孔或 128 孔 PVC 穴盘。宜采用精量育苗播种机，每穴播种 1 粒，播种深度 0.5~1 cm，播种后应覆盖 2 mm 厚蛭石，播种质量应符合 NY/T1823 的规定。将播种完毕后的穴盘摆放到苗床或床架上，将穴盘浇透水，直至穴盘底部有明水渗出。育苗期间，日常管理和病虫害防治，应符合 DB42/T 1120 的规定。

3）壮苗标准

秧苗外观要求子叶完整、叶色深绿、茎秆粗壮、株型紧凑、秧苗生长整齐、根系发达且盘根性好、无病虫害。

3. 机械移栽

1）基本要求

以品种栽种密度为基准确定机械定植密度。应采用（畦）面定植，根据收获环节收获机型选择合适的甘蓝移栽行距，株距根据品种特性确定。

2）机具选择

根据定植方式、定植密度、采收环节机具等要求，选用自动移栽机或半自动移栽机，蔬菜移栽机应满足甘蓝移栽对行距、株距和深度的要求，机具各项性能指标应符合 NY/T 3486 的规定。

3）作业技术要求

甘蓝行距应不低于 35 cm，垄沟（畦沟）距离不低于 40 cm，便于机械通行。移栽机作业质量要求漏栽率≤5%，伤苗率≤5%，移栽合格率≥90%，株距合格率>80%，行距合格率≥80%，栽植深度合格率>75%，检测方法应符合 NY/T 3486 的要求。规划机械移栽作业路线，保持移栽路线的直线性；机具调整方向和拐弯时，应停止栽植部工作；机具倒车时避免切苗。

4. 田间管理

1）基本要求

按照甘蓝生长期需水、需肥规律，结合当地环境条件，合理安排灌溉、施肥及病、虫、草害的防治。作业机械或装备应与定植行距相匹配，具有良好的行间通过性能，无明显伤根、伤苗现象，并符合安全要求。

2）机具的选择

应采用水肥一体化技术，通过滴灌、喷灌等高效灌溉装备完成灌溉和施肥操作。根据病、虫、草害实际发生情况，对症用药，宜采用自走式高架喷杆喷雾机或农用航空施药机械进行机械施药防治病虫害。

3）作业技术要求

施肥严格按照 NY/T 496 执行，施肥作业质量应符合 NY/T 2623 的规定。药剂防治严格按照 NY/T 1276 执行，喷雾机（器）作业质量应符合 NY/T650 的规定。

5. 机械收获

1）基本要求

甘蓝进入成熟期后，根据田间情况和市场行情，选择好天气进行机械采收。作业机械或装备应与定植行距相匹配，具有良好的行间通过性能，并符合安全要求。

2）机具选择

应采用甘蓝收获机或田间作业平台辅助收获。甘蓝收获机应选择与割台参数和定植行距相适应的机具，根据当地的农艺和甘蓝长势，合理选择收获机的工作挡位和割台高度。

3）作业技术要求

宜采用甘蓝联合收获机进行采收作业，可一次完成切割、选输送、装箱等多项作业。在宜机条件下，甘蓝机械化采收作业质量为：总损失率≤5.0%、破碎率≤3.0%、采净率≥90.0%。

8.5 胡萝卜全程机械化生产

8.5.1 胡萝卜全程机械化生产技术与设备

1. 技术路线

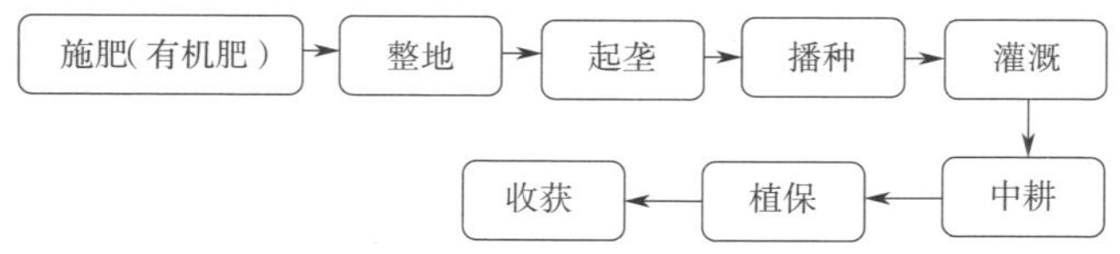

2. 关键机具

1）旋耕起垄机

4FK380 型胡萝卜旋耕起垄机（图 8-25）坚固耐用，整地后垄形完美并且有效压实，可以用于旋耕起垄台，也可以作为旋耕机单独使用。

图 8-25　4FK380 胡萝卜旋耕起垄机

特点：结构坚固；即使在黏重土壤中也能起到很好的碎土效果。

主要技术参数如下。

配套动力（P）：140。

长 × 宽 × 高（mm）：2 400 × 3 900 × 1 500。

整机质量（kg）：1 500。

适用作物：胡萝卜。

作业行数（行）：2。

工作幅宽（mm）：3 600。

适宜垄距/株距（mm）：1 800。

适宜陇上多行行距（mm）：400。

轮　　距（mm）：1 800。

工作效率（亩/h）：40。

2）胡萝卜播种机

ORIETTA 型多功能气吸式蔬菜播种机（图 8-26），每个单体上装有一个排种器，可以实现多种蔬菜的精密播种作业，落种均匀，深度一致，工作性能稳定。可根据需求定制行数、种盘类型、行距、株距、施肥装置，单苗带、双苗带、三苗带以及带状播种都可实现。

图 8-26　ORIETTA 系列气吸式精密蔬菜播种机

主要技术参数如下。

配套动力（P）：60。

长 × 宽 × 高（mm）：2 750 × 1 200 × 1 200。

整机质量（kg）：500。

适用作物：通过更换种盘实现各种蔬菜的精密播种。

作业行数（行）：6。

工作幅宽（mm）：2 750。

适宜垄距/株距（mm）：5~230。

适宜垄上多行行距：可实现。

轮　　距（mm）：根据起垄农艺选择。

工作效率（亩/h）：35~50。

生产企业：马斯奇奥（青岛）农机制造有限公司。

3）中耕机

3ZPS-6 胡萝卜圆盘式中耕机（图 8-27）是针对不同地区多种胡萝卜种植模式研制而成的一款新机型，采用圆盘式结构，其一次进地即可实现中耕培土、除草等多个环节作业。

图 8-27　3ZPS-6 胡萝卜圆盘式中耕机

主要技术参数如下。

配套动力（P）：≥35。

长 × 宽 × 高（mm）：1 750 × 2 500 × 1 420。

整机质量（kg）：300。

适用作物：胡萝卜等。

作业行数（行）：6（可增加/减少行数）。

工作幅宽（mm）：1 800（可调）。

适宜垄距/株距（mm）：行间距≥180。

适宜垄上多行行距：适宜。

轮　　距（mm）：1 800。

工作效率（亩/ h）：4~8。

生产企业：黑龙江德沃科技开发有限公司。

3ZCS-180 胡萝卜弹齿式中耕机（图 8-28）是针对不同地区多种胡萝卜种植模式研制而成的一款新机型，采用弹齿式结构设计，其一次进地即可实现中耕培土、浅深、除草、打药、施肥等多个环节作业。

图 8-28　3ZCS-180 胡萝卜弹齿式中耕机

主要技术参数如下。

配套动力（P）：≥40。

长 × 宽 × 高（mm）：1 750 × 2 500 × 1 420。

整机质量（kg）：450。

适用作物：胡萝卜等。

作业行数（行）：6（可增加/减少行数）。

工作幅宽（mm）：1 800（可调）。

适宜垄距/株距（mm）：行间距≥180。

适宜垄上多行行距：适宜。

轮　距（mm）：1 800。

工作效率（亩/h）：5~10。

生产企业：黑龙江德沃科技开发有限公司。

4）胡萝卜收获机

GKIIS 双行牵引式胡萝卜收获机（图 8-29）可以收获胡萝卜、萝卜、红甜菜、根茎菜等作物，工作效率高。采用开放式机架设计，技术先进成熟。专业的控制单元，带有操作杆，可以在驾驶室内进行操作。切刀通过免维护齿轮箱驱动，整机采用大量免保养部件和通用型零件，机器适应性高。

图 8-29　GKIIS 双行牵引式式胡萝卜收获机

主要技术参数如下 。

配套动力（P）：130。

长 × 宽 × 高（mm）：930 × 330 × 400。

整机质量（kg）：7 100。

适用作物：胡萝卜、萝卜、红甜菜、根茎菜等。

作业行数（行）：2。

工作幅宽（mm）：800~900。

适宜垄距/株距（mm）：390~750。

适宜垄上多行行距（mm）：400。

轮　　距（mm）：1 800。

工作效率（亩/h）：8。

生产企业：荷兰迪沃夫公司。

8.5.2 萝卜全程机械化生产作业标准

1. 施基肥

宜在耕整土地前 1 天或当天，按萝卜常规生产需肥要求先施足基肥，再耕整土地。施肥机质量应符合 NY/T 1003 的规定。

2. 耕整土地

1）整地条件与方式

宜在播种前 7~10 天进行，采用旋耕与 2 年深翻一次相结合的耕作方式。选择土壤绝对含水率在 15%~25%之间的适耕期进行耕整作业。

2）作业要求

按地块大小和形状规划好作业路线，作业时应匀速直线行驶，作业到地头转弯或转移过地埂时，耕地部件应停止工作，应减速行驶。耕地作业过程应符合 NY 2609 的规定。

3）作业质量

深翻作业深度≥25 cm，碎土率≥70%。旋耕作业深度 8~15 cm。耕深应均匀一致，表土细碎、松软，符合萝卜播种要求。

3. 起垄

1）作业要求

按地块大小和形状规划好作业技术路线，观察周围情况，确认安全后起步作业；作业时应按使用说明书规定的作业速度进行作业，避免中途停机、变速；在地头转弯或田间转移时，整地部件应停止工作，减速行驶。

2）作业质量

垄高 20~25 cm，沟宽 20~25 cm，土垄横截面尺寸、垄距符合农艺要求。

4. 播种

1）作业要求

调整播种机行距、粒距、播种深度、覆土厚度，应符合常规萝卜栽培的要求。按地块大小和形状规划好作业路线；作业时应匀速直线行驶；在地头转弯或田间转移时，播种部件应停止工作，应减速行驶。

2）作业质量

播后地表平整，无撒落的种子，镇压连续；地头平整。

5. 铺设滴灌带

滴灌带铺设在垄中央，管径 3.3 cm，滴水孔孔距 20 cm、孔径 0.3 mm，农膜选用宽 0.9 m、厚 0.014 mm 的透明地膜。秋季播种的萝卜，气温和地温较高，出苗和生长较快，可不覆盖地膜。

6. 田间管理

1）水肥管理

水肥一体化应符合 NY/T 2624 的规定。水肥管理应符合常规萝卜栽培对水肥的要求。

2）植保

应选择无雨、少露，8~25 ℃气温下进行作业；常规量喷雾风速不大于 3 m/s，低量喷雾和超低量喷雾风速不大于 2 m/s，超低量喷雾无上升气流。农药的使用应符合 GB/T 8321（所有部分）的要求。

3）作业质量

植保机械在额定工作压力下喷雾时，雾滴连续、均匀，雾形完整，施药液量误差应不大于 10%，作业质量应符合 NY/T 650 的规定。

4）中耕

按地块大小和形状规划好作业路线；作业时应匀速直线行驶；在地头转弯或田

间转移时中耕部件应停止工作，减速行驶，严禁在中耕作业中倒退和转弯掉头。中耕作业质量应符合农艺要求。

7. 收获

1）采收时期

达到萝卜产品采收标准时，据市场价格高低灵活安排采收时间。

2）作业要求

按地块大小和形状规划好作业路线；作业时应匀速直线行驶；在地头转弯或田间转移时中耕部件应停止工作，减速行驶，严禁在中耕作业中倒退和转弯掉头。

3）作业质量

采收作业质量符合农艺要求，采收率≥90.0%，伤根率≤5.0%。

参考文献

[1] 史志明，孙聪，张黎骅. 蔬菜机械化生产装备与技术[M]. 成都：四川科学技术出版社，2020.

[2] 陈永生，李莉. 蔬菜生产机械化范例和机具选型[M]. 北京：中国农业出版社，2017.

[3] 薛平，杨安民，胡端娥. 蔬菜机械化生产技术[M]. 天津：天津科学技术出版社，2022.

[4] 王林. 蔬菜产业生产与机械化技术[M]. 咸阳：西北农林科技大学出版社，2021.

[5] 肖体琼，崔思远，陈永生，等. 我国蔬菜生产概况及机械化发展现状[J]. 中国农机化学报，2017（8）：107-111.

[6] 袁文胜. 链夹式移栽机结构原理及使用方法[J]. 农业机械，2016（10）：119-121.

[7] 崔志超，管春松，杨雅婷，等. 蔬菜机械化移栽技术与装备研究现状[J]. 中国农机化学报，2020（3）：85-92.

[8] 罗云波，生吉萍. 园艺产品贮藏加工学：贮藏篇[M].3 版. 北京：中国农业大学出版社，2022.

[9] 吴海平. 设施农业装备[M].2 版. 北京：中国农业大学出版社，2021.

[10] 黄伟锋，朱立学. 智慧农业测控技术与装备[M]. 成都：西南交通大学出版社，2021.

[11] 陈永生. 蔬菜生产机械化技术与模式[M]. 镇江：江苏大学出版社，2017.

[12] 施辉城. 智能化技术在农业机械中的应用与发展[J]. 农业科技与装备，2021（6）：80-81.

[13] 朱明. 农业生物环境与设施工程发展对策[J]. 农机推广与安全，2006（2）：4-6.

[14] 李涵鑫. 基于物联网技术的智能农业的关键技术和未来前景[J]. 农村科学实

验，2019（2）：32，34.

[15] 崔勇，翟旭军，朱永，等. 智能农业装备技术对区域内农业现代化发展方式转变的影响研究[J]. 南方农机，2018，49（17）：22-23.

[16] 崔志超，管春松，杨雅婷，等. 蔬菜机械化移栽技术与装备研究现状[J]. 中国农机化学报，2020，41（3）：85-92.

[17] 李鹏飞. 智能蔬菜大棚控制系统中传感器技术的研究与应用[D]. 长沙：湖南农业大学，2021.

[18] 陈荣荣，顾靖峰. 智能农业温室环境远程监控系统在蔬菜基地的实践应用[J]. 农业装备技术，2014，40（1）：24-27.

[19] 胡炼，刘海龙，何杰，等. 智能除草机器人研究现状与展望[J]. 华南农业大学学报，2023，44（1）：34-42.

[20] 兰天，李端玲，张忠海，等. 智能农业除草机器人研究现状与趋势分析[J]. 计算机测量与控制，2021，29（5）：1-7.

[21] 陈至灵，姜树海，孙翊. 农林业采收机器人发展现状[J]. 农业工程，2019，9（2）：10-18.